ALLZU VIEL IST UNGESUND

Müller Rüschlikon

Yvonne Adler | Gudrun Braun | Udo Gansloßer

ALLZU VIEL IST UNGESUND

Hunde-Beschäftigung und ihre notwendigen Grenzen

Müller Rüschlikon

Impressum
Einbandgestaltung: R2 | Ravenstein, Verden

Titelfoto, Bilder auf der Umschlagrückseite und im Innenteil: Christian Voehr, www.voehr.com

Aus Gründen der einfachen Lesbarkeit wird im Rahmen dieses Werks auf die geschlechtsspezifische Differenzierung verzichtet. Entsprechende Begriffe gelten im Sinne der Gleichberechtigung für beide Geschlechter.

ISBN 978-3-275-02092-8

Postfach 103743, 70032 Stuttgart
Ein Unternehmen der Paul Pietsch Verlage GmbH & Co. KG
Lizenznehmer der Bucheli Verlags AG, Baarerstr. 43, CH-6304 Zug

1. Auflage 2017

Sie finden uns im Internet unter www.mueller-rueschlikon-verlag.de

Gesamtleitung: Claudia König
Lektorat: Jeannette Bachner, www.dietexterin.at | Aileen Paleit
Innengestaltung: R2 | Ravenstein, Verden
Druck und Bindung: Graspo CZ, 76302 Zlin
Printed in Czech Republic

INHALT

XV

VORWORT

VORWORT VON YVONNE ADLER

Aus Hundehaltung, Hundeerziehung, Hundetraining und Hundebeschäftigung zu wählen, ist in der heutigen Zeit für viele Hundehalter ein schweres Unterfangen. Aus der Vielzahl an Möglichkeiten ist es mittlerweile gar nicht so einfach, für sich und den eigenen Hund das rechte Maß zu finden, den Hund nicht zu überfordern und die für die Persönlichkeit von Mensch und Hund passende Beschäftigung zu entdecken.

Aber auch nicht in das andere Extrem, das es immer noch gibt, zu verfallen – den Hund massiv zu unterfordern. Es entsteht zuweilen der Eindruck, dass es gar keinen gesunden Mittelweg in dieser Thematik mehr gibt.

Für mich ist klar ersichtlich, dass die Lösung dieser Diskrepanz immer beim Individuum Mensch und beim Individuum Hund ansetzen muss. Jedoch nur, wenn sowohl die Persönlichkeit jedes einzelnen als auch die Lernerfahrung einbezogen werden. So kann gemeinsam das Richtige und Sinnvolle erreicht werden.

Deshalb ist es sehr wichtig, ganz genau zu wissen, um welchen Typ es sich bei Ihrem Hund handelt. Das ist die Basis, um ideale Beschäftigungsformen, die Sie gemeinsam mit Ihrem Hund auch verwirklichen können und wollen, zu finden.

Ich habe das große Glück, gemeinsam mit meiner Familie und meinen momentan vier Hunden zu leben. Sie könnten unterschiedlicher nicht sein, doch jeder der vier hat seine individuellen Stärken und Schwächen. Jeder leistet seinen wertvollen Beitrag im Familienleben und begleitet mich zudem bei der Ausübung meines Berufes. Die Hunde unterstützen das Training und die Gruppenkurse in meiner Hunde(halter)schule. Ich achte jedoch sehr genau darauf, dass sie die notwendigen Ruhephasen auch abseits von Trainings in der Hundeschule oder etwa Kinderlärm zu Hause erhalten.

Gewidmet in tiefer Dankbarkeit
an meine zwei- und vierbeinige Familie
für das Verständnis, die Unterstützung
und die unsagbare Liebe!

Für meine Hunde gibt es immer mehrere »Ruhetage« pro Woche, an denen sie »nur« Hund sein dürfen. An diesen Tagen liegen sie gerne in der Sonne, schlafen viel, kauen, relaxen und wir unternehmen auch Hunde-Spaziergänge, bei denen es rein ums »Hund sein« geht. Dieser Plan, den ich für mich selbst und mein Hunderudel entwickelt habe, verhilft meinen Hunden zu einer von Grund auf entspannten Lebensweise. Das führt auch dazu, dass sie gerne mitarbeiten, da ihr Leben abwechslungsreich ist, nicht nur aus einem »Job« besteht und sie nicht beispielsweise vereinsamt, ohne Mensch und andere Artgenossen, leben müssen.

Aus viel Fachwissen, neuen Studienergebnissen und langjähriger Erfahrung ist das Buch in Ihren Händen mit der Vision entstanden, mehr für Menschen und Hunde zu bewegen. Dieses Buch wird Ihnen durch zahlreiche Beispiele und Ideen neue Handlungsimpulse für die Interaktion mit Ihrem Hund aufzeigen und wird Sie auf Ihrem Weg dahin unterstützen, gemeinsam mit Ihrem Hund ein erfolgreiches Team zu bilden und langfristig zu bleiben.

Tauchen Sie ein, in eine vielleicht etwas andere Sichtweise der Dinge. Erleben Sie in faszinierender Weise, was mit dem »besten Freund des Menschen« gemeinsam möglich ist, wenn es nur »richtig« gemacht wird.

Ihre

Yvonne Adler

VORWORT VON GUDRUN BRAUN

In meiner Jugend – und das ist schon eine Zeit lang her – war mein liebstes Ausflugsziel der Zoo. Als Kind hat man auch noch den großen Luxus, unvoreingenommen das exotische Tier bewundern zu können, ohne auf stereotype Verhaltensweisen oder viel zu kleine Gehege zu achten. Während meines Biologiestudiums, bei dem ich das große Glück hatte, in einem Zoo arbeiten zu dürfen, formte sich mein Bewusstsein bezüglich Haltungsbedingungen für Tiere. Zur gleichen Zeit hat sich in der Zoo-Szene die neue Linie des Environmental Enrichment entwickelt. Mit großer Freude und Neugierde konnte ich beobachten, wie Elefanten Kürbisse zum Spielen und Giraffen ihr Futter in großen Kanistern mit Löchern bekamen und sich viele andere gute Ideen entwickelten. Wenn man den Unterschied einmal beobachten durfte, zwischen einem Tier, das wenigen neuen Reizen ausgesetzt war, und einem Tier, das plötzlich in der Lage dazu ist, etwas zu entdecken und damit massiv an Lebensfreude gewinnt, dann ist man schnell davon überzeugt, dass diese Beschäftigungsform etwas Gutes bedeutet.

Im Laufe der Jahre besuchte ich Konferenzen, auf denen sich Tierpfleger und Gleichgesinnte trafen und über ihre Enrichment-Ideen sprachen sowie neue Ideen entwickelten. Solche Wochen voller Inspiration und unendlicher Entdeckerfreude blieben nicht ohne Folgen. Jedes Mal kam ich von den Konferenzen zurück und probierte das Gelernte an meinen eigenen Haustieren aus. Inzwischen arbeitete ich auch in einem Tierheim, wo ich meine Erfahrungen ebenfalls weitergeben konnte.

Während Environmental Enrichment in den meisten Zoos zum Alltag wurde, konnte sich diese Entwicklung in der Heimtierszene überhaupt nicht durchsetzen. Für mich zu Beginn völlig unverständlich, aber durch meine Arbeit im Tierheim wurde mir bald klar, dass sich nicht jede Methode bei jedem Tier eins zu eins umsetzen lässt. Es gibt Individuen, die begeistert sind, wenn es etwas Neues zu entdecken gibt und andere sind damit wiederum völlig überfordert.

Nun gibt es Menschen, die eine Idee aufgreifen und neue eigene Elemente einfügen können, die dabei viel Freude haben und mit nur einem kleinen Anstoß in der Lage sind, viele Ideen umzusetzen. Andere wiederum sind damit völlig überfordert. Sie möchten das, was sie gesehen und gelernt haben, eins zu eins umsetzen und sind dabei sehr verunsichert, ob sie das schaffen werden. Manche Menschen sind gänzlich überfordert, wenn ihnen ein Raum voller Utensilien zur Verfügung gestellt wird, um eigene Ideen entwickeln zu können. Dieses Buch ist für diejenigen gedacht, die auf der Suche nach neuen Ideen sind, aber bietet auch solchen einige Anleitungen, die sich noch nicht zutrauen, ihre eigenen Einfälle umzusetzen.

Für jede Beschäftigungsform benötigt man eine kreative Idee sowie den Willen und den Einsatz, diese umzusetzen. Ebenso benötigt man das Vertrauen in die eigene Fähigkeit, die richtige Beschäftigung für seinen Hund zu finden.

Dieses Buch wird Ihnen dabei helfen, die vielen Dinge beachten zu lernen, die notwendig sind, um sich im Dschungel an Möglichkeiten zurechtzufinden und die richtige Portion Enrichment zur rechten Zeit zu vermitteln.

Vielen Dank an die vielen tollen Lebewesen (Zwei- wie Vierbeiner), die mich in den letzten Jahren begleitet sowie meine Begeisterung geweckt haben und meine Inspiration waren.

Viel Spaß beim Lesen wünscht Ihnen

Ihre

Gudrun Braun

VORWORT VON DR. UDO GANSLOSSER

In den vergangenen ein bis zwei Jahrzehnten hat sich in Bezug auf den Umgang mit unseren Haushunden ein völliges Umdenken entwickelt. Infolgedessen wird nicht nur, was sehr begrüßenswert ist, auf die Qualität der Beziehung, möglichst sogar Bindung des Hundes an seinen Menschen und umgekehrt, stärkeren Wert gelegt. Ein anderer Bestandteil dieses »neuen« Umgangs mit dem Haushund ergibt sich aus der Tatsache, dass die meisten unserer Hunde heutzutage als Familienhunde ohne echten Job gehalten werden. Daraus ergab sich in den vergangenen Jahrzehnten zweifellos das Problem einer Unterbeschäftigung. Mittlerweile hat man jedoch den Eindruck, dass die Überbeschäftigung der Hunde noch viel stärkere Probleme hervorruft als die vorige Langeweile. Wir werden in unserem Buch zeigen, wie wenig Aktivität bei Hunden, die ohne ständige Zwangsbespaßung durch den Menschen einfach in den Tag hineinleben dürfen, wirklich zu beobachten ist und wie geruhsam, ja geradezu beschaulich das Leben dieser Hunde für den größten Teil der Zeit ist.

Wenn aber Beschäftigung, dann bitte richtig. Gerade der Begriff der Auslastungsmodelle, auch darüber werden wir in unserem Buch berichten, weist bereits in eine völlig falsche Richtung. Ausgelastet werden muss eine Maschine, damit sie sich amortisiert. Wenn ein Schreiner eine neue Kreissäge kauft und sie nicht eine gewisse Anzahl von Stunden in der Woche läuft, hat er eine Fehlinvestition getätigt.
Ein Lebewesen aber muss nicht ausgelastet werden, um sich zu amortisieren. Es muss, im Rahmen seiner Fähigkeiten, Kontrolle über seine Umwelt ausüben können, die Möglichkeit haben, bestimmte, biologisch sinnvolle Beschäftigungen auszuführen, und ansonsten eben diese Kontrolle über sein Tun und Lassen soweit wie möglich selber in die Pfote nehmen.

Ob Trainingsmaßnahmen und Ausbildungsprozesse in diesem Zusammenhang überhaupt als sinnvolle Beschäftigungsmodelle zu betrachten sind, wird im Zusammenhang mit der Zootierhaltung immer wieder diskutiert. Die wenigen, zu diesem Zweck bereits durchgeführten wissenschaftlichen Studien, etwa von Vicky Melfi 2013 veröffentlicht, wecken hier eine gehörige Portion Skepsis. Vicky Melfi hat in einer großen Übersichtsstudie die Frage, ob Training für Zootiere ein Enrichment = Beschäftigungsprogramm sinnvoller Art ist, nach mehreren Hypothesen beleuchtet. Sie kommt dabei zu dem Schluss, dass die neuen Lernmöglichkeiten eines Trainingsprogramms unter bestimmten Bedingungen durchaus zur sinnvollen Verhaltensbereicherung führen können. Dies gilt jedoch nahezu ausschließlich während der Lernphase. Das heißt, sobald der Hund den neuen Trick beherrscht, ist es mit dem Bereicherungsprogramm vorbei. Und dann kommt es auf das Endergebnis an. Nur wenn das Ziel des genannten Übungsprogramms gleichzeitig auf ein, im natürlichen Verhaltensrepertoire des Hundes vorkommendes Verhalten abzielt, kann das Training zu diesem Ziel ein Bereicherungs- und damit biologisch sinnvolles Beschäftigungsprogramm sein. Wenn der Hund also beispielsweise anhand des Trainingsprogramms in die bessere Lage versetzt wird, sein Verhalten eines natürlichen Verhaltensrepertoires erfolgsorientiert auszuüben, dann ist auch das Üben noch zum Beschäftigungs- und Bereicherungsprogramm zu zählen, wenn der Hund das Verhalten bereits beherrscht und somit nichts Neues mehr dazulernen muss. (Bei diesem Trainingsprogramm kann beispielsweise an gute Dummy-Arbeit, gute Nasenarbeit oder Ähnliches gedacht werden, aber keineswegs an die üblichen Tricks und Kniffe von Sitz, Platz, Fuß, Dogdance, im Handstand Trompete blasen oder ähnlichen Unfug.)

Üben an sich ist jedoch kein Bereicherungsprogramm, im Sinne des Schaffens von Abwechslung oder Dynamik im Alltag. Mit Erziehung hat es übrigens erst recht nichts zu tun!

Eine Hypothese, die in der genannten Übersicht für Zootiere noch nicht bestätigt oder auch nicht widerlegt werden konnte, die aber sicherlich für den Haushund gilt, ist die Verbesserung und Verstärkung der Mensch-Hund-Interaktionen. Wer mit seinem Hund trainiert, verbringt zwangsläufig Zeit mit ihm. Hier muss jedoch darauf geachtet werden, dass diese Zeit sinnvoll verbracht wird und ganz besonders muss darauf hingewiesen werden, dass nur gemeinsam gefeierte Erfolge einer jeglichen gemeinsamen Aktivität wirklich zur Verbesserung der Beziehungsqualität führen. Trainingsprogramme an sich, selbst komplexe und sehr anspruchsvolle Tätigkeiten, wie sie etwa mit professionellen Rettungshunden absolviert werden, führen nämlich nicht automatisch zu einer Verbesserung der Bindungs- oder auch nur Beziehungsqualität zwischen Hund und Mensch. Dies betrifft insbesondere die Tatsache, dass die meisten Trainings-, Erziehungs- und ernsthaften Arbeitsprogramme wiederum den Funktionskreis Nahrungserwerb betreffen. Und dieser ist bei Hundeartigen generell, und erst recht bei Haushunden (wie Studien an verwilderten Hunden zeigen), eher eine individuelle und nicht so sehr eine sozial kooperative Geschichte. Soziale Kooperation bei der Jagd beispielsweise ist zwar typisch für manche Wolfsrudel, die Großtiere verfolgen, aber im Allgemeinen ist die soziale Kooperation bei Hundeartigen viel stärker mit der gemeinsamen Jungtieraufzucht, der gemeinsamen Revierverteidigung und mit dem Gewähren sozialer Unterstützung, also dem Trostspenden und Hilfeleisten in Krisensituationen, verbunden. Die gemeinsame Jagd ist eher eine Folge und nicht die notwendige Voraussetzung für eine stabile Beziehungsbildung in den

Gruppen Hundeartiger. Nur bei einigen Arten, etwa den Großtier jagenden Wildhundartigen, mag dies anders aussehen. Unser Haushund jedoch ähnelt in seiner Ökologie, wie die Vielfalt von Studien an verwilderten Haushunden weltweit zeigt, eben mehr dem Fuchs. Und Füchse, die Gruppen vor allem auf Familienbasis bilden, geht es mehr um Revierverteidigung, Jungtieraufzucht und soziales Miteinander, aber nicht um die gemeinsame Jagd.

Diese Gedanken, die sich jeder machen sollte, der ein biologisch sinnvolles Beschäftigungs- und Bereicherungsprogramm für irgendeine Tierart entwickelt, sind im Bereich der Zoo-, aber auch Labortierhaltung heute weitverbreitetes Standardgedankengut. Wir hoffen, mit unserem Buch zu bewirken, dass dies zukünftig auch für den Haushund gilt. Derzeit lässt sich leider feststellen, dass die Bezeichnung »artgerecht« (sei es bei Fütterung, Beschäftigung, Training oder Erziehung) im Umgang mit dem Hund meistens eine Mogelpackung ist. Je öfter von artgerechter Auslastung, Beschäftigung, Ernährung etc. beim Hund gesprochen wird, desto weniger biologische Basis und desto weniger echte Artbezogenheit findet sich in diesen Konzepten meist wieder. Wir bitten also auch hier um eine gesunde Portion Skepsis, wenn jemand allzu bedeutungsvoll mit diesem Begriff um sich wirft. Ohnehin ist in der wissenschaftlichen Literatur, gerade zu Tierschutzfragen, die Bezeichnung tier- und verhaltensgerecht wesentlich verbreiteter, da der Begriff der artgerechten Haltung schon aufgrund einer Vielzahl von unbekannten Variablen aus dem natürlichen Leben der betreffenden Tiere meistens nicht sinnvoll zu definieren ist.

Ihr Udo Ganslosser

EINLEITUNG

Ein harmonisches Familienleben zwischen Menschen und ihren Vierbeinern entspricht unserer Idealvorstellung.

Es ist eine wunderbare Erfahrung, mit Hunden zu leben. Gemeinsam Spaß zu haben und den Alltag zu genießen. Wenn ein Hund in sein neues Zuhause zieht, dann sollten sich die Hundebesitzer im Vorfeld ausreichend Zeit nehmen, um sich auf das zukünftige Familienmitglied vorzubereiten. Oft wird dabei vergessen, dass der Hund nicht unbedingt begeistert auf seine neue Umgebung reagieren wird. Denn im ersten Augenblick verliert er mehr, als er gewinnt – zumindest aus Hundesicht. Ein Welpe verliert seine Mutter und seine Geschwister, und Hunde aus dem Tierschutz verlieren ihre gewohnte Umgebung, vertraute Menschen und bekannte Gerüche.

Für die meisten Hunde, unabhängig davon, ob es sich um junge oder alte Hunde handelt, sind diese Erfahrungen mit Stress verbunden und daher kann auch insbesondere bei sensiblen Hunden die Eingewöhnung länger dauern. Besonders am Anfang ist es deshalb sehr wichtig, den Hund nicht zu überfordern, ihn aber dennoch richtig zu betreuen, zu erziehen und ihn in Ruhe in seinem neuen Zuhause ankommen zu lassen.

Viele Maßnahmen, sowohl jene des allgemeinen Verhaltensumgangs als auch jene des gezielten Beschäftigungs- und

Schlaraffenland oder Überangebot? Alles zu haben ist für viele ein Traum, doch kann auch Überforderung bewirken.

Gemeinsame Bewegung und Erfolge erleben, kann viel Spaß bereiten.

Trainingsbereichs, sind stark von der Persönlichkeit des Hundes beeinflusst. Hunde können unterschiedliche Grundpersönlichkeiten haben, welche man in zwei übergeordnete Persönlichkeitstypen gliedert. Zum einen der wagemutige, proaktive und aktiv-interessierte Typus und zum anderen der zurückhaltende, scheue und beobachtende Typus.
Diese Grundpersönlichkeiten haben Auswirkungen auf die Stressbewältigungssysteme und sollten daher bei den Maßnahmen des Verhaltensumgangs berücksichtigt werden. Proaktive, wagemutige Hunde nähern sich beispielsweise neuen Gegenständen oder unbekannten Artgenossen sehr zielstrebig oder sie ergreifen sofort und kompromisslos die Flucht. Reaktiv-beobachtende Hunde hingegen halten Abstand, beäugen das unbekannte Objekt aus der Distanz und benötigen

mehr Zeit, bis sie sich damit beschäftigen. Das hat aber keinesfalls mit mangelnder Intelligenz oder Arbeitsbereitschaft zu tun, sondern handelt sich lediglich um eine andere Strategie des Herangehens an potenziell gefährliche Situationen. Oftmals zeigt sich sogar bei einem reaktiv-zurückhaltenden Hund, dass er dann, wenn er sich zum aktiven Kontakt mit der unbekannten Situation entschlossen hat, schneller und erfolgversprechender damit umgeht, da er offensichtlich »bereits einen Plan im Kopf« hat.

Innerhalb dieser beiden Grundpersönlichkeiten fächern sich die verschiedenen Einzelfaktoren auf, die als Persönlichkeitsachsen bezeichnet werden. Im Zusammenhang mit der Mensch-Hund-Beziehung gibt es einerseits den Faktor der emotionalen Stabilität oder Launenhaftigkeit, der Offenheit für neue Erfahrungen, die auch als Trainierbarkeit bezeichnet wird, und andererseits den Faktor Geselligkeit sowie die Freundlichkeit zum Menschen und die Gewissenhaftigkeit, welche besonders wichtig sind. Nähere Ausführungen zu diesen Persönlichkeitstypen sind auch in den Einzelbeschreibungen der Maßnahmen zu lesen.

Hunde und Menschen sind soziale Wesen. Beide haben das Bedürfnis nach Bindung, Nähe, Zuwendung, Geselligkeit und mehr. Es ist schwierig für neue Hundebesitzer, die Balance zwischen dem Setzen der Grenzen und dem Bindungsaufbau zum Hund zu halten. Zuweilen existieren Trainingsansätze, bei denen der Bindungsaufbau zwischen Hund und Halter massiv gestört wird. Diese sollte man zum Wohle seines Hundes unbedingt ablehnen, da sie nicht der modernen und wissenschaftlich fundierten Hundeerziehung entsprechen. Gerade der Erziehungsstil durch den Menschen hat ganz offensichtliche und erhebliche Bedeutung für das nachfolgende Verhalten des Hundes. Nicht nur Übertragungen aus der Hundeerziehung, sondern auch erste einschlägige Studien im Mensch-Hund-Zusammenhang zeigen, dass die sogenannte autoritative Erziehung (= Begriff aus der Pädagogik für einen Erziehungsstil, der durch hohe Kontrolle gekennzeichnet ist) die besten Erfolge erzielt. Ein einseitiger, allzu permissiver Erziehungsstil, der auf ständiges Nachgeben und Berücksichtigen der Hunde-Interessen ausgerichtet ist, führt erheblich häufiger zu problematischem Verhalten. Ein autoritärer Erziehungsstil, der mit Druck und Zwang arbeitet, führt vor allem zu einer Beschädigung der Hund-Mensch-Beziehung und damit zu mangelndem Vertrauen. Autoritative Erziehung dagegen, bei welcher der Mensch klare Grenzen setzt, aber auch den Bedürfnissen und Bedarfslagen des Hundes entgegenkommt, diesen als Mitgeschöpf und Sozialpartner akzeptiert und ernst

Ist wirklich das ganze Equipment zur Beschäftigung des Hundes notwendig?

nimmt, kann man mit den meisten späteren Erfolgen in Verbindung bringen. Es geht also nicht darum, den Hund immer nur mit Kommandos und Gehorsamsübungen zu drangsalieren, es geht aber auch nicht darum, ihm eine Freundschaft auf Augenhöhe anzubieten, die der Hund aus seinem Sozialsystem heraus gar nicht beabsichtigt.

Es geht aber darum, dass Hunde sich respektvolle Führungspersönlichkeiten wünschen, sei es in Form älterer und erfahrener vierbeiniger Artgenossen oder des Menschen, der dabei die Leittierfunktion im Hund-Mensch-Team übernehmen muss. Wir vergleichen das gerne mit der Zusammenarbeit zwischen Kapitän und Copilot im Cockpit eines

Flugzeugs, wobei der Hund die Position des Copiloten umso lieber einnehmen wird, je deutlicher der Kapitän Kompetenzen und Problemlösungsfähigkeiten demonstriert. Dass der Kapitän im Zweifelsfall die Entscheidungskompetenz besitzt und auch kommandiert, wo es langgeht, ist für den Copiloten selbstverständlich. Die Voraussetzung dafür ist aber, dass die Übungen und Trainings mit unseren Hunden so gestaltet sind, dass sie dies auch umsetzen und schaffen können. Erst mit dem Lernfortschritt kann der Schwierigkeitsgrad und die Ablenkung gesteigert werden. Ansonsten entsteht nur Frustration und Stress auf beiden Seiten – bei Mensch und Hund.

Für den Hundehalter ist es sicherlich kein leichtes Unterfangen, zum richtigen Zeitpunkt immer die richtigen Entscheidungen zu treffen und auch danach zu handeln. Gemeinsame Erfolgserlebnisse fördern aber die Selbstsicherheit und Souveränität des Hundes und sie unterstützen die sehr wertvolle Mensch-Hund-Beziehung. So wird Problemen im Zusammenleben von Mensch und Hund von Anfang an entgegengesteuert.

Doch wie soll man in der Vielfalt des heutigen »Hundeschul- und Hundetrainings-Dschungels« überhaupt noch das Richtige finden? Unzählige, jahrzehntelang anerkannte Sportarten und viel Neues sowie »Modernes« locken den Hundehalter an. In vielen Fällen wird suggeriert, dass der Hund unbedingt viele verschiedene Auslastungen benötigt und er ohne diese Beschäftigungen, Ausbildungen, Trainings, wie beispielsweise mehrmals die Woche in einen Hundekurs zu gehen, unterfordert wäre. Bedauerlicherweise zeigt sich jedoch in der heutigen, schnelllebigen Zeit aber eher das Gegenteil durch dieses »Überangebot« – eine massive Überforderung der Hunde, die nicht selten zu gesundheitlichen und/oder Verhaltensproblemen führt. Es stellt sich zuweilen die Frage, wo dabei der natürliche Hausverstand oder der richtige »Hundeverstehverstand« bleibt, »denn ein Hund braucht definitiv keinen volleren Terminkalender als ein Top-Manager«.

Deshalb gilt diese einfache Faustregel: Weniger ist oft mehr!

Worum geht es in diesem Buch? Jahrhundertelang waren die Aufgaben für Hunde im Zusammenleben mit dem Menschen klar definiert: Sie hatten Wach- und Schutzfunktion oder waren wichtige Helfer bei der Jagd. Diese klar definierten Aufgaben gibt es für die meisten Hunde in der heutigen Zeit nicht mehr. Hunde sind soziale Begleiter – und mit diesem neuen »Job« oft total unterfordert.

Denn Hunde sind intelligente Tiere und brauchen angepasste Herausforderungen. Die Beschäftigung und somit die Förderung der körperlichen und geistigen Gesundheit von Tieren mit

Zeit zum Beobachten zu haben, ist für Hunde wichtig.

Maß und Ziel stellt somit ein wesentliches Element in der fortschrittlichen Tierhaltung dar.

Bereicherung und Beschäftigung, im Englischen als »Enrichment« bezeichnet, ist das Schlagwort für jene Haltungskonzepte, in denen es darum geht, den Lebensraum der Tiere zu bereichern und sie tiergerecht zu beschäftigen. Enrichment ist ein dynamischer Prozess, in welchen die Berücksichtigung der Verhaltensbiologie und Naturgeschichte einfließt. Zum Beispiel, wenn die Umwelt des Hundes verändert wird, damit er seine Verhaltensweisen ausleben und anpassen kann.

Es stellt sich die Frage, was ein Tier benötigt, um seine biologischen Bedarfslagen tier- und verhaltensgerecht decken zu können. In der Tierschutzforschung werden mehrere zu ähnlichen Ergebnissen führende Denk- und Handlungsansätze vertreten. Das Bedarfsdeckungs- und Schadensvermeidungskonzept geht davon aus, dass Tiere immer dann versuchen, durch aktives Verhalten eine Änderung ihrer Situation herbeizuführen, wenn eine Grundbedarfslage nicht ausreichend abgedeckt wird. Dabei kann es sich um Nahrung, Wasser, aber auch Sozialkontakt und allgemeine Informationsaufnahme handeln.

Pausen einzulegen ist wichtig, Ruhe und neue Reize in Maßen sind die eindeutig beste Wahl.

Führt das daraufhin einsetzende Suchverhalten, in der Wissenschaft als Appetenz bezeichnet, nicht zum Erfolg, können Verhaltensauffälligkeiten und unter Umständen sogar Verhaltensstörungen auftreten.

Im Bereich der modernen Tierschutzethik wird oftmals von den fünf Freiheiten gesprochen. Darunter sind die Freiheit von Hunger und Durst, die Freiheit von Schmerz und Krankheit, die Freiheit von Angst und Leiden, die Freiheit von haltungsbedingten Unbequemlichkeiten und letztlich auch die Freiheit, arttypische Verhaltensrepertoires auszuleben, gemeint. Zu beachten ist aber, dass es dabei nicht um die Freiheit von Stress und Aufregung geht, denn der Hund soll und darf nicht in rosarote Watte gepackt werden. Angst, Panik, Furcht und daraus resultierendes Leiden entstehen nur dann, wenn der

DAS SCAN-PRINZIP

Der britische Tierschutzforscher Trevor Poole hat mit dem SCAN-Prinzip die wichtigsten Anforderungen präzisiert. »S« steht für Sicherheit, wobei diese nicht nur Rückzugsorte, Tabuzonen wie Hundeboxen und Hundekörbchen im häuslichen Umfeld beinhaltet, sondern auch die Planungssicherheit durch einen für den Hund berechenbaren Sozialpartner umfasst. »C« steht für Komplexität (englisch Complexity) und bedeutet, dass die Umwelt, in der sich ein Tier bewegt, nicht eintönig, langweilig und schnell überschaubar, sondern durchaus auch mit eigenen Schwierigkeiten sowie Denk- und Handlungsanforderungen ausgestattet sein soll. »A« steht für Erfolg (englisch Achievement), womit verschaffte Erfolgserlebnisse bezeichnet werden. Der Hund sollte die Möglichkeit haben, auch die Früchte seines Erfolgs durch eigenes Tun und Handeln zu genießen. Das kann auch in der Zuwendung seines Menschen oder der Wohlfühl-Atmosphäre einer erfolgreich gelösten Aufgabe bestehen. »N« steht für Neuigkeiten und Abwechslung, die regelmäßig den Alltag bereichern und damit die Eintönigkeit kompensieren sollen.

Das Training sollte wohl durchdacht und an die individuellen Bedürfnisse und Möglichkeiten des Hundes angepasst werden.

Hund nicht in der Lage ist, mit eigenen, zuvor erworbenen Lösungsstrategien zur Verbesserung seiner derzeit nicht optimalen Lage beizutragen.

Haustiere bekommen täglich volle Futterschüsseln maulgerecht serviert. Ein paradiesischer Zustand im Vergleich zum harten Leben in freier Wildbahn. Doch das Schlaraffenland bringt auch Nachteile mit sich. Langeweile und Unterforderung bringen Hunde dazu, sich oft selbst zu beschäftigen. Um dem entgegenzuwirken, versuchen Halter ihren Hund oft, etwa mit stundenlangem Ballwerfen, müde zu bekommen. Dies ist definitiv der falsche Weg und birgt Gefahren und Risiken. Es gibt jedoch Haltungskonzepte, die vernünftige Auslastungen und Beschäftigungen beinhalten. Der Hund braucht »Arbeit« (= Employ) und er sollte seiner Rasse und Persönlichkeit entsprechend gefördert und gefordert werden. Arbeit, Training und Förderung müssen aber gut durchdacht sein, denn wird die falsche Beschäftigung für den Hund und seine individuelle Hundepersönlichkeit ausgewählt, können schnell Probleme auftreten. Die richtige Balance zu finden zwischen wichtigen Ruhephasen für den Hund und wenigen, aber wertvoll gestalteten Aktivitätsphasen, ist essenziell, denn so können die besten Möglichkeiten für Mensch und Hund entdeckt werden.

Hunde brauchen Auszeiten vom alltäglichen Leben mit ihren Haltern, in denen sie auch einmal nur Hund sein dürfen.

Zum Wohlfühlen und Spaß haben gehören eine gut strukturierte Umgebung, Futter und soziale Kontakte – aber auch die Möglichkeit, die geistigen und körperlichen Fähigkeiten des Hundes zu fördern sowie zu erweitern. Nicht zu vergessen ist die Pflege der sensorischen Fähigkeiten. Zu diesen zählen der Tast-, Geschmacks- und Geruchssinn, das Gehör und der Sehsinn, die ebenfalls wichtige Faktoren sind, um sich wirklich wohlfühlen zu können.

Bei der Haltung von Haustieren werden nicht selten einige dieser wichtigen Faktoren vergessen. Das verringert leider die Möglichkeit für die vierbeinigen Lieblinge, eine größere Anzahl von Verhaltensweisen auszuführen. Das Stadtleben in einer Wohnung zum Beispiel, in welcher der Hund einige Stunden täglich alleine verbringen muss, hält nicht besonders viele Anregungen für ihn bereit.

Hunde, die in solch einer reizarmen Umgebung leben müssen, brauchen mehr Möglichkeiten, ihre Sinne und ihre geistigen Kapazitäten auszunutzen. Die Komplexität der Umwelt, die im SCAN-Prinzip bereits angesprochen wurde, sowie die Möglichkeit, sich Erfolgserlebnisse zu verschaffen, müssen in diesem Fall durch den Beitrag des Halters und durch die Umwelt geliefert werden. Dieses Buch unterstützt Hundehalter mit Möglichkeiten, ihrem Hund genau diese Stimulation zu verschaffen. Denn Frustration und Langeweile können zu einer großen Belastung für die Psyche des Hundes werden, genauso wie zu heftige »Überbespaßung« und Überstimulation. In diesem Zusammenhang weisen wir nochmals darauf hin, dass Stresssituationen nicht grundsätzlich zu vermeiden und auch nicht pauschal abzulehnen sind. Gerade beim Erlernen neuer Situationen kann ein moderater Stresspegel durchaus helfen, den Hund auf die Aufgabe zu fokussieren und ihm damit zu einer höheren Lernmotivation zu verhelfen.

Beschäftigung für den Hund muss nicht immer nur Bewegung sein. Bereits kleine Kinder können helfen, wenn es darum geht, etwas Spannendes für den eigenen Hund zu basteln.

Anders ist es beim Abrufen von bereits gelernten und gefestigten Aufgaben. Hier sollte eine möglichst stress- und belastungsarme Situation herrschen, um dem Hund den Zugriff auf die erlernten Speicherinhalte zu ermöglichen. Durch diese angepasste Stimulierung können Stress und Frustration vermieden werden – wodurch sich wiederum die Lebensqualität erhöht.

Um Hunden das zu ermöglichen, gibt es verschiedene Beschäftigungsvarianten und kaum eine ist mit außergewöhnlichen Kosten verbunden. Genau hier setzt die Kombination dieses Buches an.

Sie werden einen genauen Überblick darüber erhalten, wie Sie Ihrem vierbeinigen Freund die richtigen Lebensumstände bieten können und werden außerdem wichtige Erziehungs- und Trainingsansätze kennenlernen, damit der Start in eine (neue) gemeinsame Zukunft von Erfolg gekrönt sein wird. Dieses Buch bietet neben ausreichend Fachwissen auch eine kleine Sammlung von Ideen, die sich in langjähriger Praxis bewährt haben, um das gemeinsame

Leben mit dem »besten Freund des Menschen« zukunftsorientiert zu gestalten.

Ein Trainingstagebuch oder Erfolgstagebuch, wie es sehr positiv ausgedrückt werden kann, bildet die Basis jedes gut strukturierten Trainings sowie jeder Umstellung und Anpassung des Weges zu einem neuen gemeinsamen Ziel. In diesem Erfolgstagebuch wird zu Beginn das momentane Verhalten des Hundes notiert. Dazu gehört, was Sie zurzeit alles mit Ihrem Hund unternehmen, wie Sie ihn beschäftigen und auch in welchen Bereichen noch gemeinsames Anpassungspotenzial bestehen könnte. Vielleicht kleben Sie auch Fotos von für Sie wichtigen Ereignissen mit Ihrem Hund oder sonstigen Besonderheiten hinein. Wichtig ist aber, ganz ehrlich zu sich selbst zu sein, denn das ist die Basis

UNSERE TIPPS

> Versuchen Sie, offen mit den neuen Ansätzen in diesem Buch umzugehen. Diese eignen sich auch, um die Bedürfnisse Ihres Hundes und Ihre Möglichkeiten abzuwandeln.

> Vergessen Sie aber bei Umstellungen mit Ihrem Hund nicht, dass auch das Tier eine Gewohnheitsentwicklung hat und es daher wichtig ist, Neues über einen längeren Zeitraum hinweg anzuwenden, um etwa zu erkennen, ob dieser Trainingsweg mit dem eigenen Hund zum Erfolg führt und ob der Hund vielleicht ruhiger sowie gelassener geworden ist.

> Verändern Sie immer nur einen Faktor und behalten Sie diese Veränderung über mehrere Tage bei. Denn nur so können Sie erkennen, was Ihren Hund wirklich unterstützt oder eben nicht.

> Betrachten Sie dieses Buch in Ihren Händen als Sammlung vieler zukunftsorientierter Trainings- und Unterstützungsbausteine.

> Zusätzlich könnte Ihnen und Ihrem Hund ein gesondertes Trainingstagebuch ein nützliches Werkzeug sein.

für eine exakte Analyse des Ist-Zustandes und Ausgangspunkt für Ihr gemeinsames weiteres Leben. Sie sollten sich ausführlich Zeit nehmen, um alles genau nach Ihren Wünschen und Bedürfnissen zu erfassen. Das Feststellen des Ist-Zustandes ist wichtig, denn es ist der Grundstein für die Zielsetzung und die Formulierung des Weges, der zum Ziel führt. Formulieren Sie in bildhafter, ausgeschmückter und positiver Sprache, wie Sie sich Ihr Ziel mit Ihrem Hund vorstellen und halten Sie dies am Ende des Tagebuches fest. Wie wird sich Ihr gemeinsames Leben mit Ihrem Hund nach der Zielerreichung anfühlen und wie wird es genau aussehen? Wie wird es Ihrem Hund damit ergehen? All dies trägt zur Zielerreichung bei – denn nur, wenn das Ziel bekannt ist, kann es auch erreicht werden. Fokussieren Sie sich jeden Tag aufs Neue auf Ihre Zielformulierung. Hilfreich ist es, diese gut sichtbar beispielsweise an den Kühlschrank oder in das Vorzimmer neben die Hundeleine zu hängen, um sich täglich daran zu erinnern. Mit diesem kleinen Erinnerungsanker wird es Ihnen leichter fallen, die Veränderungen langfristig umzusetzen und die Umstellungen in Fleisch und Blut übergehen zu lassen.

Natürlich lassen sich nicht alle Situationen verallgemeinern, und deshalb legen wir Ihnen nahe, die Entscheidungen für Ihren Hund zu überdenken und Ihr

Gemeinsame Spaziergänge sind wichtig und gut, aber sie sind nicht das Einzige, was Mensch und Hund miteinander unternehmen können.

natürliches Bauchgefühl zuzulassen. Sie werden umso schneller spüren, was für Ihren Hund das Richtige ist und welche Maßnahmen sich nicht eignen. Sie kennen Ihren Hund und sich selbst am besten!

Nutzen Sie die Zeit, die Sie gemeinsam mit Ihrem Hund haben, sinnvoll und mit hoher Qualität für alle. Wir wünschen Ihnen ganz viel Freude mit diesem Buch und viele spannende Erlebnisse mit Ihrem Hund. Und denken Sie daran – weniger ist manchmal mehr!

Von Anfang an
EIN STARKES TEAM

Um optimale Voraussetzungen für ein hundegerechtes Leben zu schaffen, sollte sich jeder Hundehalter bewusst sein, dass starre Strukturen und einseitige Wunschvorstellungen zu keinem harmonischen und glücklichen Zusammenleben führen. Neben den grundsätzlichen Überlegungen, ob ein Welpe oder erwachsener Hund angeschafft werden sollte oder welche Rasse beziehungsweise welcher Mix der Richtige wäre, treten viele weitere Fragen auf. Sich im Vorfeld zu informieren, ist hierbei ein erster wichtiger Schritt, sodass das spätere Zusammenleben erfolgreich verläuft.

EIN WELPE KOMMT IN DIE FAMILIE

Wird ein Welpe aufgenommen, werden bereits bei der Auswahl der Mutterhündin und des dazu passenden Rüden wichtige Entscheidungen getroffen. Denn bereits die pränatale Entwicklung im Mutterleib spielt eine entscheidende Rolle. Die Mutterhündin überträgt ihre Emotionen und Stimmungen auf die ungeborenen Hunde und bereits im Mutterleib bildet sich bei ihnen ein Stressgedächtnis aus. Wenn die Mutterhündin unter starkem und ständigem Stress leidet, kann sich das bereits ungünstig auf die Welpen auswirken. So kann Stress die Nachkommen beispielsweise durch epigenetische Vererbung negativ beeinflussen. Daher sollte der zukünftige Hundehalter genau hinschauen und sein Bauchgefühl bei der Wahl seines Hundes nur bedingt mitentscheiden lassen. Die Gefahr eines Mitleidskaufs ist sonst zu groß. Vermehrungsstationen mit Zwangsverpaarungen oder dergleichen dürfen auf keinen Fall unterstützt werden. Mit einem Kauf bei einem dieser »Händler« wird das Tierleid ungemein vergrößert, da man so eine weitere Vermehrung unterstützt.

Ebenso spielen die ersten Lebenswochen bei der Entwicklung eine große Rolle. Hunde sind in dieser Zeit noch blind und taub und fühlen sich sehr unwohl, wenn ihnen beispielsweise kalt ist. Dieses Unwohlsein können sie mit Gerüchen verknüpfen. Wird beispielsweise im Beisein der ganz jungen Hunde geraucht, stellen diese unter Umständen eine Verknüpfung her, die den Zigarettengeruch mit dem Unwohlsein verbindet.

Die ersten drei Wochen verbringen Welpen normalerweise in der Wurfhöhle. Besuche, auch von Familienmitgliedern, unterbindet die Mutter in dieser Zeit konsequent. Danach wird ungefähr bis zur achten Woche der Vorplatz der Höhle genutzt. Anschließend geht es in das sogenannte Rendezvous-Gebiet, eine Art gute Stube des Reviers. Erst mit rund vierzehn Wochen beginnen die Welpen, ihre Familie bei Ausflügen zu begleiten. Ungefähr ab der siebten bzw. achten Woche ist eine örtliche Bindung

Für die individuelle Entwicklung sind auch freie Bewegung und freie Zeit wichtig.

sehr wichtig und erst ab der circa vierzehnten Woche beginnt sich langsam eine individuelle persönliche Bindung zum neuen Menschen aufzubauen.

In der sensiblen Phase, die auch als Prägungsphase bezeichnet wird, erkunden die Welpen ihre Umgebung. Dabei ist definitiv weniger mehr! Wird ein Hundewelpe in dieser Zeit ständig neuen Reizen, wie beispielsweise dem Einkaufszentrum, Menschenbesuch, Welpenspielplatz, Staubsauger oder dem Auto, unkontrolliert und zu lange ausgesetzt, wird er mehr überfordert sein, als dass ihm diese »Erlebnisse« nutzen. Zusätzlich kann durch solche »Dauerbespaßungen« ohne ausreichend Ruhe und der Möglichkeit, neu Erlerntes zu verarbeiten, eine für den Menschen nachteilige Erwartungshaltung im Hund entstehen. Denn so lernt der Hund, dass alle neuen Reize ihn überfordern und mit Stress verbunden sind. Ruhe und neue Reize in Maßen sind die eindeutig bessere Wahl.

Irgendwann in dieser Zeit werden die meisten Welpen übernommen und es entsteht ein neues Familienleben für Mensch und Hund.

Wichtig ist, dass innerhalb der Familie Grundregeln für das gemeinsame Zusammenleben mit dem Hund festgelegt und dann auch konsequent eingehalten werden.

Neuere Untersuchungen belegen, dass die genannten Phasen sehr flexibel ineinander übergehen und von Individuum zu Individuum unterschiedlich sein können, sodass eigentlich nach dem Ende der Übergangsphase bis zum Pubertätsbeginn keine weitere Unterteilung mehr sinnvoll ist.

ERWACHSENER HUND ALS NEUES FAMILIENMITGLIED

Wird ein bereits erwachsener Hund aufgenommen, sollte zuvor festgestellt werden, um welchen Persönlichkeitstyp es sich bei diesem Hund handelt. Es sollten sich Fragen gestellt werden, wie zum Beispiel: »Passt dieser Typ Hund zu mir?« oder »Welche Herausforderungen können mit eventuell angewöhnten Eigenheiten des Hundes entstehen?« Es kann sehr viele wunderbare Passungen zwischen Mensch und Hund geben. Es lohnt sich, einen Blick in ein Tierheim zu werfen und den Hunden eine zweite Chance zu geben. Damit werden zwei Leben auf einen Schlag bereichert.

Ist die Entscheidung gefallen und ein Hund wird aufgenommen, sind zumeist die ersten Überlegungen, welche Leine, Brustgeschirr, Futternäpfe, Futter, Körbchen und Unmengen an Spielsachen für den Hund bereitgestellt werden. Grundsätzlich braucht jeder Hund eine Grundausstattung, damit der Einzug in sein neues Zuhause gut gelingen kann. Der Hundehalter muss jedoch unbedingt bedenken, dass er das neue Familienmitglied noch gar nicht ausreichend kennt, um abschätzen zu können, ob es lieber auf einem weichen Hundepolster oder in einem Körbchen liegen möchte. So ist es ratsam, in der ersten Euphorie über den bevorstehenden Einzug lieber weniger zu kaufen und dann im Laufe des Zusammenlebens etwas nachzukaufen, sofern Bedarf besteht.

ZUSAMMENLEBEN

Wichtig ist, dass mit der gesamten Familie Grundregeln für das gemeinsame Zusammenleben mit dem Hund festgelegt werden. So muss etwa geklärt werden, ob der Hund auf die Couch oder in das Bett darf. Wird er vom Tisch gefüttert? Wer kümmert sich zu welcher Zeit um den Hund und wie wird der Tagesablauf sein? Darf er in alle Zimmer mitkommen? Es ist sehr wichtig, diese Fragen im Vorfeld zu klären, da der Hund dann bereits von Anfang an mit Menschen zu tun hat, die seine Grenzen kennen und so auch souverän handeln können. Für Hunde gibt es nichts Schlimmeres, als inkonsequente Besitzer, die beispielsweise das Liegen auf der Couch an einigen Tagen erlauben und den Hund sogar dazu einladen und ihm diese Annehmlichkeit dann aber von einem auf den anderen Tag wieder verbieten. Ohne Regeln oder mit nur sehr unklaren Regeln kann sich keine gute Mensch-Hund-Beziehung entwickeln. Außerdem ist auch ein Ziel im Team schlechter zu erreichen, wenn

1. das eigene Ziel nicht genau erkannt wird und
2. keine souveräne Führung in verschiedene Richtungen besteht.

Durch die späteren Aktivitäten mit dem Hund werden die einzelnen Familienmitglieder unterschiedlich attraktiv für ihn werden. Idealerweise sollte sich die spätere Hauptbezugsperson in den ersten Tagen und Wochen etwas zurückhalten, um auch den

Hunde benötigen einen Rückzugsort, wo sie sich sicher fühlen, entspannen können und nicht ständig gestört werden.

anderen, später weniger attraktiven Familienmitgliedern eine Beziehungsbildung mit dem Hund zu ermöglichen. Es taucht der Gedanke an die Dramaturgie eines guten Theaterstücks oder Films auf, bei dem auch der spätere Held meist nicht bereits zu Beginn des Stücks auf der Bühne steht. Er lässt den Nebendarstellern den Vortritt, damit sie sich dem Publikum mit ihrem Teil des Programms ohne Ablenkung vorstellen können.

SCHLAF- UND RUHEPLATZ

Als nächstes sollte man seine Wohnsituation überdenken.

Wo könnte der Hund den besten Rückzugsort in seinem neuen Zuhause finden? Hunde sind gerne dort, wo sich auch die Menschen aufhalten, beispielsweise im Wohnzimmer. Wohnt man in einem offenen Haus und bekommt sehr oft Besuch, wird es für das neue Familienmitglied anfänglich nicht als Ruheort geeignet sein. In diesem Fall empfiehlt es sich, eine Rückzugsmöglichkeit in einem anderen, ruhigeren Raum einzurichten. Natürlich gilt auch hierbei, dem Hund eine abwechslungsreiche Umgebung anzubieten. Auch wir Menschen möchten nicht immer nur im Bett liegen, sondern genießen es, auch einmal auf der Couch zu ruhen. So ist es nicht nur für uns ein Genuss, wenn wir uns zeitweise auf hartem Boden und dann wieder auf einer Wiese ausstrecken können, sondern auch die Hunde lieben es. Es ist natürlich zu beachten, dass Hunde sehr unterschiedliche und individuelle Vorlieben haben. Manche Hunde liegen gerne in einer Höhle und verstecken sich mit Freude unter Tischen oder Sesseln. Für andere wiederum gibt es nichts Schöneres als völlig unbeengt mitten im Raum zu liegen.

Um herauszufinden, was der eigene Hund bevorzugt, sind kreative Ideen gefragt.

Zum Beispiel kann man einen Pappkarton besorgen, der mindestens so lang ist, wie der Hund im ausgestreckten Zustand. Diesen Karton lässt man auf einer Seite offen und legt Decken hinein. Ein kleines Tischchen, über das eine Decke so ausgebreitet wird, dass eine Seite offenbleibt, leistet ebenso gute Dienste. Liebt es der Hund, sich in eine Höhle zu kuscheln, wird er dieses Angebot gerne annehmen.

WICHTIG

- Der ruhende Hund darf jetzt und in Zukunft nicht gestört, aufgescheucht oder »zwangsbespaßt« werden, solange er sich in seiner Ruhezone befindet. Besonders Kindern muss dies eindeutig vermittelt werden!
- Außerdem darf sich die Auswahl des Ortes, an dem sich der Hundeschlafplatz befinden soll, ausschließlich an den Bedürfnissen des Hundes orientieren und nicht nach Kriterien der Innenausstattung.

Statt eines Hundebettes können genauso gut eine alte Bettdecke oder einige übereinandergelegte Decken verwendet werden. Manche Hunde lieben es, zu graben und sich eine Mulde zu formen, in die sie sich legen können. Dazu eignet sich ein Haufen mit Decken oder alten Badetüchern perfekt, viel besser, als gut gepolsterte, schön aussehende Hundebetten.

Einige Hunde lieben eine erhöhte Liegeposition, die es ihnen ermöglicht, einen guten Überblick zu bewahren. Sie vermittelt ihnen Sicherheit und sie würden mit einem Platz in der Ecke niemals glücklich und entspannt sein. Für Hunde mit dieser Vorliebe ist der optimale Liegeplatz ein eigenes Sofa oder eine mit Kissen und Decken versehene Kiste.

Diese Vorliebe hat in der Regel nichts mit Dominanz zu tun. Nur bei Hunden, die sich in der Rolle des Bewachers fühlen, zum Beispiel. Bei manchen Individuen von Herdenschutzhunderassen, sollten solche erhöhten Liegeplätze vor allem an strategischen Plätzen vermieden werden.

Hat ein Hund seinen bevorzugten Schlafplatz gefunden, muss das nicht bedeuten, dass er diesen dauerhaft beibehält oder dass er der einzige Schlafplatz bleibt. Wenn es die Wohnsituation zulässt, ist Vielfalt gefragt. Je mehr Möglichkeiten der Hund hat, um sich zurückzuziehen, desto ausgeglichener wird er sein.

PLATZ FÜR FUTTER UND WASSER

Als nächstes sollte festgelegt werden, wo der Platz für das Futter und die Wasserschüssel des Hundes sein wird. Wasser sollte Hunden immer zur Verfügung stehen, daher bleibt die Wasserschüssel auch permanent am gleichen Ort. Es ist besonderes Augenmerk auf den Bodenbelag zu legen. Parkett eignet sich sicherlich schlechter als zum Beispiel Fliesen, da dieser Boden beim Trinken oft mit Wasser benetzt wird und Schaden nehmen könnte.

Das Futter ist ein wichtiger Faktor im Alltag – lebensnotwendig und vom Hund meist innig herbeigesehnt. Zwischen Hundebesitzern haben sich bis heute mittlerweile richtige Fronten entwickelt, was die Art des optimalen Hundefutters betrifft: Trockenfutter, Feuchtfutter, Halbfeuchtfutter, Selbstgekochtes, Rohes oder sogenanntes Barfen. Bei der Wahl muss für den Hundebesitzer ausschlaggebend sein, dass der Hund das Futter frisst und er es gut verträgt, also nicht erbricht oder Durchfall bekommt. Zusätzlich muss es auch von den Inhaltsstoffen für den Hund passen. Wurde ein geeignetes Futter gefunden, wird dies oft über Jahre beibehalten. Aber ganz ehrlich – wären wir damit glücklich, täglich und über Jahre ausschließlich Nudeln mit roter Sauce serviert zu bekommen?

Höchstwahrscheinlich nicht. Bereits nach kurzer Zeit würden wir es nicht mehr sehen können. Warum sollte es Hunden also anders gehen?

Bei der Fütterung kann durchaus auf Vielfalt gesetzt werden. Wird der Hund an verschiedene Futterarten, wie Trockenfutter, Dosenfutter, gekochtes oder rohes Futter, gewöhnt, kann sich sein Darm darauf einstellen. Weniger ist jedoch mehr. Wie bereits anfangs erwähnt, ist es ideal, nur einen Faktor über eine gewisse Dauer zu verändern, um zu erkennen, was der Hund mag und was nicht. Während der Eingewöhnungszeit sollte jedoch auf einen Wechsel des Futters verzichtet werden, da der Hund ohnehin mit vielen neuen Reizen beschäftigt ist. Sobald er sich gut im neuen Zuhause eingelebt hat, kann auch das Futter variiert werden. Es gibt jedoch eine Ausnahme bei Welpen: Wenn der Welpe sich noch in der sensiblen Phase der Nahrungsprägung befindet, sollte die Abwechslung gleich angeboten werden.

Aber nicht nur das Futter selbst kann Abwechslung bedeuten, auch dessen unterschiedliche Präsentation kann Abwechslung bewirken. Statt des gewohnten Napfes kann ein Tablett oder ein anders geformter Napf verwendet werden. Ein höherer Rand am Napf erfordert, dass die Schnauze tiefer hineingesteckt werden muss, während das Futter bei einem flachen Napf weiter verteilt ist und der Hund mit der Zunge arbeiten muss. Auch andere Arten der Präsentation sind gut geeignet, um Abwechslung zu schaffen. Das Futter kann direkt auf dem Boden oder auf einem Pappkarton angeboten werden – der Kreativität sind dabei keine Grenzen gesetzt. Auch hier gilt, je mehr Flexibilität der Hund nach der Eingewöhnung erfährt, desto einfacher wird er sich an Umweltveränderungen anpassen können.

Das Brustgeschirrtraining ist sehr sinnvoll, damit der Hund lernt, das Brustgeschirr aus freien Stücken anzunehmen.

RAUSGEHEN

Ein weiteres großes Thema ist das erste Mal mit dem Hund rauszugehen.

Jeder Gegenstand, der am Körper des Hundes angelegt werden soll, wird ihm idealerweise vorher vorgestellt, dann wird er in kleinen Schritten an ihn gewöhnt. Das kann man durchaus damit vergleichen, wenn wir das erste Mal eine Skiausrüstung bestehend aus Anzug, Helm und Skischuhen tragen. Wir empfinden das Tragen anfangs als unangenehm, weil es sich ungewohnt eng anfühlt und vielleicht sogar etwas schmerzt. Niemals sollte davon ausgegangen werden, dass der Hund dieses Prozedere über sich ergehen lassen muss. Auch wenn man seinen Hund vielleicht immer nur am Halsband führen will, ist es unbedingt wichtig, ihn auch an ein Brustgeschirr zu gewöhnen und umgekehrt.

Im ersten Schritt zur Gewöhnung an einen Fremdkörper kann man den Hund mit einem Tuch spielerisch berühren und eventuell auch sanft abrubbeln. Außerdem ist es hilfreich, den Vorderkörper

2

3

des Hundes mit dem Tuch leicht zu umwickeln, denn so lernt er das Gefühl kennen, etwas um den Körper zu haben. Diese Übungen sind auch ideal, um den Hund daran zu gewöhnen, dass er nach einem nassen Spaziergang die Pfoten abgewischt bekommt. Lässt sich der Hund stressfrei mit dem Tuch berühren, kann man ihn nun positiv mit dem Brustgeschirr bekannt machen.

Ist man mit dem Hund ab sofort draußen unterwegs, ist es gerade in der ersten Eingewöhnungszeit von rund zehn bis vierzehn Tagen wichtig, dass man sich ausreichend Zeit nimmt, damit der Hund alles in Ruhe erkunden kann. Hier geht es nicht um stundenlange Spaziergänge, sondern eher darum, dass der Hund seine Umgebung, seine Rituale und auch seine Lieblingsörtchen zum Lösen kennenlernt. Der Hundehalter muss sich bewusstmachen, dass für den Hund alles neu ist. Jeder Baum, jeder Geruch, einfach ein ganz neuer Ort.

Zu Hause hingegen sollte möglichst viel Ruhe herrschen. Alle Besucher, die darauf drängen, den Hund kennenzulernen, sollten auf später vertröstet werden. Die Eingewöhnungsphase sollte nur mit direkten Bezugspersonen aus der engsten Familie gestaltet werden. Der Hundehalter sollte alles »entschleunigen« und sich ein wenig nach dem Hund richten. Schläft dieser gerade tief und fest, kann aus Rücksichtnahme auch mal später staubgesaugt werden. Das bedeutet aber nicht, dass der Hund den Staubsauger nicht kennen lernen soll, im Gegenteil: Er sollte nur nicht alles binnen einer Woche und unter Druck erfahren. Diese erste Zeit sollte man nutzen, um dem Hund eine vertrauensvolle Umgebung zu präsentieren und ihn genau zu beobachten. Denn dadurch erfährt man sehr viel über das neue Familienmitglied.

Jeder neue Impuls, der das Interesse des Tieres weckt, kann eine Bereicherung sein. Keine neuen Eindrücke zu bekommen, macht geistig träge und führt in Folge dazu, dass der Hund verlernt, mit Veränderungen gut zurechtzukommen.

Es mag zutreffen, dass der Hund durchaus glücklich dabei sein kann, jeden Tag das Gleiche zu tun, solange es keine Veränderung bei diesen Abläufen gibt. Treten diese jedoch auf, entsteht Stress. Und je weniger gelernt wurde, sich anzupassen, desto größer kann der Stress werden.

Darum ist es wichtig, sichere Strukturen immer wieder mit Maß und Ziel aufzureißen und die Fähigkeiten, sich an Neues zu gewöhnen, zu schulen. Geschieht dies in einer sicheren und strukturierten Umgebung, sind die Veränderungen sogar spannend, aufregend und können Spaß machen.

An dieser Stelle sei noch einmal auf das in der Einführung besprochene SCAN-Prinzip verwiesen.

Der Hund kann an den Maulkorb positiv gewöhnt werden, sodass er später keinerlei Probleme damit hat, ihn gegebenenfalls zu tragen.

RITUALE
geben Sicherheit

Tägliche Aktivitäten, die vom Hund körperliche Höchstleistungen abverlangen, überfordern ihn. Wichtig ist daher, auch Ruhetage einzuplanen.

Menschen und Hunde lernen ein Leben lang, daher ist es bedeutend, gleich zu Beginn wichtige Regeln und Rituale einzubauen, die dem Hund Sicherheit vermitteln. Das hilft dem Hund, sich zu orientieren und Vertrauen zu fassen.

Tagesabläufe stellen solche wichtigen Rituale dar, an denen sich der Hund »festhalten« kann. Sinnvoll strukturiert können sie auch sehr nervöse oder unruhige Hunde unterstützen, sodass diese mehr Ruhe finden.

Ein Wochenplan kann den Hundehalter in seinen Überlegungen unterstützen, was er mit seinem Hund im Allgemeinen unternehmen möchte, aber auch detailliert festhalten, wie der tägliche Ablauf mit dem Hund gestaltet sein soll. Es gibt Hundehalter, die der Meinung sind, ihren Hund mit einem vollen Terminkalender »artgerecht« auslasten zu müssen. So steht am Montag Agility auf dem Programm, dienstags Flyball, am Mittwoch ein »Ruhetag« im Einkaufs-

Die persönliche Stressresistenz ist von Hund zu Hund verschieden und sollte vom Hundehalter sensibel wahrgenommen werden.

zentrum, am Donnerstag soll die Unterordnung trainiert werden, freitags geht es um Turniervorbereitung und am Wochenende wird bei Turnieren angetreten. Ganz nebenbei geht der Hund auch noch täglich mit ins Büro.

Um solch einen Wochenplan zu absolvieren, ist ein Hund einfach nicht geeignet. Während wir Menschen gelernt haben, uns auf die vielen Umweltreize einzustellen, die täglich auf uns einwirken, ist das für unsere tierischen Weggefährten oftmals schwierig. Dabei spielt natürlich auch die Stressresistenz, die von Individuum zu Individuum verschieden ist, eine Rolle. Schon bei einem gewöhnlichen Spaziergang, der eigentlich entspannen soll, begegnen Halter und Hund beispielsweise Joggern, Radfahrern, Kindern, anderen Hunden, Autos und vielem mehr. Das kann den Hund in einen erhöhten Erregungszustand (sogenannte erhöhte Aufregung) versetzen, vor allem wenn er sich ohnehin leicht stressen lässt.

Erhöhte Erregung kann sich dabei sowohl positiv als auch negativ auswirken – beides führt jedoch dazu, dass im Körper des Hundes vermehrt Stresshormone ausgeschüttet werden. Bei Tieren, die sich sehr leicht in Erregung versetzen lassen, kann der Körper, wenn es zu keiner Stressreduktion kommt und/oder kein Stressbewältigungsprogramm durchgeführt wird, die hohe Menge an Stresshormonen nicht schnell genug abbauen. Der Hund befindet sich somit in Dauerstress, der zudem durch eine »Überbespaßung« des Hundes herbeigeführt werden kann. Damit verbunden sind problematische Auswirkungen, die wir auch an uns Menschen beobachten können. Bei dauerhaft erhöhtem Stressniveau ist das Krankheitsrisiko erhöht und die Reizbarkeit steigt. Das kann wiederum dazu führen, dass unwichtige Reize plötzlich eine Reaktion auslösen. Zusätzlich ist die Konzentrationsfähigkeit herabgesetzt und eine erhöhte Reaktivität, wie Ängstlichkeit oder Aggression, kann auftreten.

Zu beachten ist dabei auch die unterschiedliche Anlauf- und Abbauzeit der Stresshormonsysteme. Das kurzfristig reagierende Adrenalin-/Noradrenalin-System, auch Kampf- und Fluchtsystem oder aktives Stresssystem genannt, schaltet sich nach gefühlter Bedrohung innerhalb von Bruchteilen einer Sekunde ein. Es reagiert also sehr schnell und nach Lösung des Problems wird die Hormonkonzentration schnell wieder heruntergefahren. Gut zu beobachten ist das etwa am Puls, der sich beruhigt. Aber beim Verhalten des Hundes sieht es anders aus: Die Reizbarkeit der aktivierten Verbindungen und Nerven-/Sinneszellen bleibt einige Minuten weiterhin sehr hoch und geht nur über einige Stunden hinweg langsam zurück. Der Hund bleibt somit sinnesempfindlich und ist eventuell auf Krawall gebürstet.

Das zweite System mit dem Leithormon Cortisol aus der Nebennierenrinde braucht hingegen bereits etwa fünf Minuten, bevor überhaupt ein Anstieg der Hormonkonzentration messbar ist. Erst nach circa zwanzig Minuten erreicht es den für diese Situation typischen Endwert. Selbst wenn das Problem inzwischen gelöst wurde, steigt der Stresspegel trotzdem weiter an, es sei denn, man behandelt den Hund schnellstmöglich nach Stresseintritt mit einer Wohlfühlmassage oder Ähnlichem, wie es im Folgenden beschrieben wird.

Noch langsamer erfolgt der Abbau dieses Hormons. Die Halbwertszeit beträgt mehr als einen Tag. Das bedeutet, dass nach eineinhalb Tagen immer noch 50 % und nach drei Tagen noch 25 % übrig sind. Erst rund fünf bis sechs Tage nach dem Ende der übermäßigen Belastung befindet sich der Pegel wieder im Ruhezustand. Es sei denn, in der Zwischenzeit hat es einen erneuten Vorfall gegeben, der aus Hundesicht

RITUALE

Schlaf und Entspannung sind wichtig für die Ausgeglichenheit des Hundes.

etwas »Schlimmes« darstellt. Dann käme die neue Ausschüttung auch noch zum vorhandenen Restwert hinzu.

Der Hund befindet sich also in einer Art Teufelskreis. Durch viele Umweltreize werden vermehrt Stresshormone ausgeschüttet. Diese Ausschüttung führt dazu, dass auch normale Reize neuerlichen Stress auslösen können, wodurch weitere Hormone produziert werden.

Diese Negativspirale gilt es zu durchbrechen und Ihren täglichen Ablauf zum Wohl des gestressten Hundes anzupassen. Es sollte zum Beispiel bei einem

langen, entspannten Spaziergang oder kurzen Gassirunden auf die ruhige Umgebung mit wenig Ablenkung und Umweltreizen geachtet werden. Außerdem sollte der Hund nicht zu allen Aktivitäten mitgenommen werden.
Da erwachsene Hunde sechszehn bis achtzehn Stunden pro Tag schlafen sollten, ist es oftmals sinnvoller, das Tier ruhen zu lassen. Das ist allerdings nur dann möglich, wenn das Alleinbleiben langsam aufgebaut und richtig antrainiert wurde, so dass der Hund sich auch in dieser Situation gut entspannen kann. Desweiteren sollte man bei nervösen und instabilen Hunden auf stressige Aktivitäten wie Zerren oder Ball- und Hetzspiele verzichten. Besser sind für diese Tiere geistige Beschäftigungen wie Nasenarbeit. Zusätzlich kann man den Hund auch mit Kausachen füttern, die, da lange an ihnen gekaut wird, effektiv zum Stressabbau beitragen.

Ein Trainingsansatz für gestresste Hunde kann auch die sogenannte »konditionierte Entspannung« sein. Dabei wird dem Hund beigebracht, sich auf ein Kommando hin zu entspannen. Das ist durchaus vergleichbar mit autogenem Training für Menschen. Zunächst sollte man sich ein Kommando überlegen, das einem leicht über die Lippen geht, aber dennoch nicht oft im täglichen Sprachgebrauch vorkommt. Zum Beispiel eignen sich dafür Worte wie »Relax« oder »Gemütlich«. Das neue Kommando wird immer dann gegeben, wenn sich der Hund hinlegt, um zu ruhen und zu entspannen. Die Entspannung ist gut erkennbar am tiefen Atemzug bzw. Seufzer, den viele Hunde oft vor dem Einschlafen machen. Auf diese Weise wird sie mit dem neuen Kommando verknüpft. Man sollte bei diesem Training unbedingt darauf achten, dass man dabei selbst entspannt ist, um diese angenehm ruhige Atmosphäre auch vorleben zu können.

Zusätzlich sollte man aktiv daran arbeiten, dass sich der Hund schneller entspannt. Das kann zum Beispiel über sanftes Streicheln und/oder Massagen gelingen, wenn das vom Hund gerne angenommen wird. Dabei wird nämlich das sogenannte Kuschel- und Bindungshormon Oxytocin ausgeschüttet, welches als natürlicher Gegenspieler zu den Stresshormonen angenehme Entspannung aufkommen lässt.

Hat der Hundehalter herausgefunden, was seinem Hund guttut, kann das Training losgehen. Begonnen wird mit den Berührungen, die den Entspannungsprozess auslösen sollen. Wenn sich der Hund entspannt, wendet man das neue Kommando für die Entspannung an. Wird diese Übung auf einer Decke durchgeführt, so verknüpft der Hund auch mit ihr die Entspannung. Das kann für die Zukunft wichtig sein, da die Decke auch an andere Orte mitgenommen werden kann und dort

Gemeinsam entspannen und eine Pause einlegen. Nicht nur den Hunden tun diese Momente gut, sondern auch den Menschen.

beim Entspannen unterstützt. Nach vielen Wiederholungen über mehrere Wochen löst schon das Kommando alleine eine sichtbare Entspannung beim Hund aus.

Man sollte jedoch nicht erwarten, dass die »konditionierte Entspannung« bewirkt, dass der Hund sofort nach dem Kommando auf die Seite fällt und schläft. Sie unterstützt lediglich dabei, dass das Erregungslevel ein wenig absinkt und so Beruhigung und Entspannung überhaupt erst möglich werden. Wenn man diese Übung über einige Wochen hinweg sorgfältig trainiert hat, kann man beginnen, das Signal auch in anderen Situationen zu üben. Zum Beispiel bei einem Restaurantbesuch. Dazu wählt man einen ruhigen Platz und lässt seinen Hund auf seiner »Entspannungsdecke« relaxen. Auch bei Spaziergängen, bei denen der Hund sehr angespannt reagiert, kann man das Kommando einsetzen, um die

Gemeinsame Interaktionen machen Spaß.

Erregung zu senken. Es ist dabei unbedingt auch auf die Anspannung und Sprache des eigenen Körpers sowie die eigenen Emotionen zu achten.

Zusätzlich sollte das Signal auch zu Hause immer wieder mal geübt werden. Wenn das neue Kommando nämlich zu schnell und nur in stressigen Situationen eingesetzt wird – es also nicht ausreichend gefestigt ist – kann es dazu führen, dass es mit dem Gegenteil verknüpft wird – also mit erhöhter Stressbelastung.

Es ist auch ratsam, an der Stressresistenz gestresster Hunde zu arbeiten. Dabei wird dem Hund beigebracht, mit Stress umzugehen, damit sich langfristiger und dauerhafter Erfolg einstellen kann. Zu Beginn kann es notwendig sein, dass man täglich das Gleiche in einer bestimmten Abfolge tut. Der Hund kann sich verlässlich darauf freuen und das gibt ihm Sicherheit.

Für den Umgang mit Stress und seine Bearbeitung ist es wichtig zu wissen, wie er entsteht. Stress ist eine natürliche Reaktion eines Individuums auf Reize, Herausforderungen und Belastungen. Dabei kann es sich um eine tatsächlich stattfindende oder auch um eine »interpretierte« Belastung oder Bedrohung handeln, die mit der Vorgeschichte des Hundes zusammenhängt und aus deren Lernerfahrung er glaubt, dass nun eine Belastung oder Bedrohung erfolgt. Daher reagiert sein Körper auf die gleiche Weise, selbst wenn die Bedrohung gar nicht »echt« ist. Treten mehrere Stressoren gleichzeitig auf oder übersteigen sie einen Schwellenwert, so kann es zur Veränderung des Verhaltens oder der Physiologie kommen.

Folgende Beispiele bieten einen Überblick darüber, welche Situationen aus Hundesicht Stressoren-Quellen darstellen können:

> **Äußere Stressoren:** Sinneseindrücke, grelles Licht, starker Lärm, neue Umgebung, Geruchsbelastung etwa durch Abgase ...
> **Innere Stressoren:** Disharmonie im Körper (Schmerzen), Entzug von Wasser, Entzug von Schlaf ...
> **Leistungsstressoren:** Unterforderung, Hundesport, Überforderung, mögliches Versagen ...
> **Soziale Stressoren:** falsche Hundepassung, Familienveränderungen ...
> **Psychische Stressoren:** Trauer, Trennungsangst, Konflikte, Erwartungsunsicherheit, Angst ...

Hunde setzen ihre Nase sehr gerne ein.

EIN ANTI-STRESS-PROGRAMM – MÖGLICHE MASSNAHMEN ZUR STRESSREDUKTION

1. **Spaziergänge** mit vielen Stellen zum Riechen bauen Stress ab, wenn kein menschlicher Plan, um von A nach B zu kommen, dahintersteht. Selbstverständlich muss die Route so gewählt werden, dass der Hund auch entspannen kann. Dabei sollte es sich

Ein Spaziergang, bei dem der Hund in Ruhe riechen und an allen interessanten Stellen schnuppern darf, hilft beim Stressabbau.

aber um keine isolierten, vereinsamten Wege handeln, denn ein plötzlich auftauchender Reiz könnte den Hund noch mehr aus dem Konzept bringen. Mit ruhigen, aber wohl besuchten Wegen trifft man die richtige Wahl. Hunde müssen sich Schritt für Schritt an »normale« Reize gewöhnen, damit sie nicht jeder Reiz völlig durcheinanderbringt.

2. **Schnüffeln** trägt zum Stressabbau bei und hat den enormen Vorteil, dass die Sinneseindrücke des Riechhirns direkt und ungefiltert die Amygdala (limbisches System) erreichen und mit Emotionen verknüpft werden. Es ist zu empfehlen, nun eine Leckerlisuche – anfangs zu Hause, danach in ruhiger Ablenkung mit Lernfortschritt draußen – zu üben. Wenn die Suchaktivitäten erlernt sind, kann man mittels dieser positiven Emotionen auch erreichen, dass man den Hund beispielsweise aus einer stressigen oder beginnenden, ängstigenden Situation »positiv rausriechen« lässt. Es muss jedoch beachtet werden, dass auch und gerade im Riechsystem Teile des Gehirns mit dem Selbstbelohnungssystem des Hormons Dopamin arbeiten. Gerade aktive Suchbewegungen bei der Objektsuche oder gar aktive Erfolgsmeldungen wie Verbellen, Zurückbringen von Bringsel oder dem gefundenen Gegenstand, Ausbuddeln etc. können die Suchtgefahr steigern. Daher sollten besonders nervöse Aktivlinge den Erfolg mit einer sogenannten Passivanzeige melden, wie zum Beispiel ruhigem Abliegen, Absetzen oder Stehen, also mit einer Ruheposition, vor dem gefundenen Gegenstand.

3. **Kauen** trägt ebenfalls positiv zur Entspannung bei. Daher können dem Hund auch täglich Kausachen angeboten werden. Diese sollten so

Hunde benötigen nicht nur Schlaf, sondern auch Zeiten zum Ruhen oder Dösen, um Stress abzubauen und sich erholen zu können.

gewählt werden, dass der Hund mindestens fünfzehn Minuten daran kauen kann, denn dann erst entfaltet sich die beruhigende Wirkung. Ein Leckerchen, das kurz gekaut und dann abgeschluckt wird, zählt nicht dazu. Man sollte jedoch darauf achten, dass diese meist sehr proteinhaltigen Kausachen auch in den Futterplan einzubeziehen sind.

4. **Schlafen** zählt wohl zum Allerwichtigsten und besonders ausreichend qualitativer Schlaf ist essenziell. Gerade in stressigeren Zeiten kann es durchaus vorkommen, dass der Hund täglich sechszehn bis achtzehn Stunden Schlaf, Ruhe oder Dösen zum Stressabbau benötigt.

5. Bei der **Quality-Kuschel-Zeit,** dem gemeinsamen Kontaktliegen und auch Kuscheln, wird das Bindungshormon Oxytocin ausgeschüttet – das gleiche Hormon wie beim zärtlichen Streicheln zwischen zwei Partnern. Dieses Hormon ist ein natürlicher Stress-Gegenspieler.

Es muss nicht immer »Action« sein, auch eine Runde »Spaziersitzen« kann Spaß machen.

Bei der Betreuung von Tieren werden im Gehirn die gleichen Belohnungssysteme aktiviert wie bei der Betreuung von Kindern. Das fördert die Bindung zwischen Eltern und Kind, zwischen Lebenspartnern und auch zwischen Kindern und Hunden. Daher darf gerne viel gekuschelt werden, wenn dies von beiden Seiten als wohltuend empfunden wird.

NASENARBEIT – FASZINATION DER GERÜCHE

Hunde lassen sich sehr stark von ihrem Geruchsinn leiten – je nach Hunderasse haben sie bis zu zweihundert Millionen mehr Riechzellen als der Mensch. So sind sie in der Lage, selbst die kleinsten Geruchsreize wahrzunehmen, die Menschen nicht einmal annähernd bemerken. Diese Fähigkeit ausleben zu können, ist für den Hund sehr wichtig. Es fordert und fördert ihn körperlich, aber auch geistig. In diesem Zusammenhang ergeben sich auch viele Trainingsmöglichkeiten: Fährte, Ziel-Objekt-Suche, Flächensuche, Stöbern, Geruchsunterscheidungen und unter anderem auch das Mantrailing, die Suche nach versteckten Personen. Jedoch darf Leistungsdruck durch diese verschiedenen Hundesportarten oder Einsatzbereiche nicht mit Stressabbau verwechselt werden, da der Hund durch diese Art der Arbeit eine wesentlich höhere Körperspannung und -aktivierung aufweist.

Wie bereits erwähnt, ist die Leckerli-Suche zum Stressabbau sehr gut geeignet. Sie lässt sich einfach im Garten durchführen und stellt eine der besten und leichtesten Beschäftigungsmöglichkeiten dar, da sie einfach in den Familienalltag integriert werden kann. Dabei legt man dem Hund zu Beginn einige Leckerlis im Garten aus und gibt das Kommando »Such« oder »Riech« immer dann dazu, wenn er ein Leckerli gefunden hat. Im häuslichen Umfeld, auch zum Mitnehmen, bieten sich stattdessen Schnüffelteppiche an, die sogar selber gefertigt werden können. Schnell wird der Hund lernen, worum es dabei geht. Damit kann er geistig gefordert werden und auch Stress abbauen. Das Spiel kann, sobald es der Hund verstanden hat,

Gut ausgewählte Nasenarbeit kann sehr sinnvoll für den Hund sein.

auch gesteigert werden, indem man beispielsweise eine ganze Hand voll Leckerlis oder Trockenfutter im Garten verstreut, so dass die Suche rund zwanzig bis dreißig Minuten dauert. Diese Suchübung kann gut in den Tagesablauf integriert und beispielweise auch mit einem Spaziergang verbunden werden. Dazu lässt man den Hund zuvor im Garten Leckerlis suchen und hat dann ausreichend Zeit, alle Utensilien vorzubereiten, um danach ganz entspannt zum Spaziergang aufzubrechen.

Ganz wichtig ist aber, dass dieses Leckerli-Suchspiel ausschließlich zu

Was der Hund suchen kann, ist vielfältig und hängt von den Vorlieben des Hundes und des Halters ab. Einen Gegenstand zu verweisen, kann dem Hund in verschiedensten Positionen beigebracht werden.

Hause im Garten oder auf der Terrasse gemacht wird. Damit wird ausgeschlossen, dass der Hund auf der Straße Futter oder andere Gegenstände aufnimmt. Möchte man diese Übung aber auch draußen mit dem Hund durchführen, ist es unbedingt notwendig, dass man ein Anfangs- und Endsignal einbaut. Daher ein »Such« für den Start des Verhaltens und beispielsweise ein »Ende« für die Beendigung des Verhaltens, nämlich des Suchens. Somit lernt der Hund von Beginn an, dass diese Tätigkeit durch den Hundehalter eingeleitet und dann wieder beendet wird. Außerdem wird vermieden, dass der Hund alles auf der Straße Liegende aufnehmen oder abschlucken will.

Wenn man sich nun neue Tages- und Wochenabläufe mit seinem Hund überlegt, muss immer bedacht werden – weniger ist mehr! Ein Ruhetag sollte auch wirklich ein Ruhetag sein und nicht einfach nur »weniger« Aktion bereithalten. Daher sollte an Ruhetagen wirklich nichts unternommen werden. Übrigens tun Ruhetage auch dem Menschen gut. Man kann ein gutes Buch lesen, Musik hören, sich mit seinem Hund entspannen und die gemeinsame ruhige Zeit ganz bewusst genießen.

Studien an Tierheimhunden haben gezeigt, dass Düfte wie Lavendel, Kamille oder Sandelholz, die auch uns Menschen beim Entspannen unterstützen, bei Hunden dieselbe Wirkung haben. Das gilt auch für Musik: so trägt nicht nur speziell komponierte Hundeberuhigungsmusik, sondern beispielsweise auch leichte Klassik, Barock oder getragene Balladen zur deutlichen Entspannung bei. Also lieber mal gemeinsam mit dem Hund Mozart hören und bei gutem Sandelholzduft ausgiebig kuscheln, als sich ständig der Hektik und übertriebenen sportlichen Aktivitäten widmen. Und nebenbei erwähnt, deuten die meisten Studien an, dass auch für den Hundehalter die gesundheitsfördernde Wirkung des Hundes nicht in der Bewegung, sondern in der Wirkung des Oxytocins liegt, die durch diese sozialen Gemeinsamkeiten entsteht. Denn auch bei Katzenhaltern wurden ähnlich positive Wirkungen festgestellt und sie haben in der Regel keinen durchorganisierten Aktivplan mit ihrem Haustier.

Es gibt einige Mittel, mit denen man ein Training unterstützen kann – »Wunderpillen« gibt es jedoch keine. Worauf Hund und Mensch gut ansprechen, ist sehr individuell.

Vieles kann ein Training unterstützen, jedoch NICHT ersetzen. Daher sollte es vorab mit dem Tierarzt besprochen werden, wenn man zum Beispiel Nahrungsergänzungsmittel einsetzen möchte. Wenn man eine Futtermittelumstellung in Zusammenhang mit dem Hundeverhalten anstrebt, sollte man sich bei erfahrenen Fachkräften aus dem Bereich der Fütterung Hilfe holen. Wichtiges Kriterium bleibt jedoch, dass man immer nur einen Faktor verändert und diese Veränderung über mehrere Tage beibehält. Denn nur so lässt sich erkennen, welche Maßnahme den Hund wirklich unterstützt oder welche fruchtlos bleibt.

Rituale können Sicherheit geben, aber es muss beachtet werden, dass die Erkenntnisse, welche durch dieses Kapitel erlangt worden sind, Schritt-für-Schritt umzusetzen sind, sodass jede einzelne Umstellung durch die Gewohnheitsentwicklung beim Hund in seine bisherigen Rituale einfließen kann.

ZUR ENTSPANNUNG

- Düfte wie Kamille, Lavendel oder Sandelholz
- Entspannungsmusik
- Farben, vor allem Orange oder Rosa; interessante Aspekte sind in der Farbenlehre nachzulesen
- Kräuter wie Hopfen, Melisse oder Baldrian als Nahrungsmittelergänzungen
- Homöopathie oder Akupunktur
- tryptophanhaltige Lebensmittel oder Nahrungsergänzungsmittel sowie Lebensmittel mit viel enthaltenen B-Vitaminen und Lein- oder Lachsöl mit einem hohen Anteil an Omega 3- und Omega 6-Fettsäuren, wobei es bei den Fettsäuren auf das Verhältnis zueinander ankommt

QUALITÄTSZEIT

ist wichtig – dabei ist weniger mehr!

Die Frage, wie man seinen neuen vierbeinigen Hausgenossen möglichst tier- und verhaltensgerecht beschäftigen kann, ist für viele Hundehalter ein sehr relevantes Thema. Die Anforderungen, die dabei entstehen, sind jedoch oft nicht leicht zu bewältigen. Sportliche Höchstleistungen, ausgebuchte Terminkalender und eine Vielzahl verschiedenster Beschäftigungsobjekte, die meist fälschlich als Spielzeug bezeichnet werden, sind im Angebot. Doch was braucht der Hund wirklich?

Bereits im Einführungskapitel wurde das SCAN-Prinzip von Trevor Poole vorgestellt (siehe Seite 28). Bei diesem Prinzip stehen Herausforderungen, die bewältigt werden können, aber auch Sicherheit, strukturelle und zeitliche Planbarkeit im Vordergrund. Sie sind für eine tier- und verhaltensgerechte Unterbringung eines Hundes, genauso wie für jedes andere Tier, das sich in unserer Obhut befindet, vordringlich.

Dabei kommt es auch in der verhaltensgerechten Unterbringung nicht unbedingt darauf an, dass das Tier möglichst viele verschiedene Elemente seines natürlichen Bewegungsapparats und seines arttypischen Verhaltenskatalogs abspulen kann. Vielmehr steht der Erfolg im Vordergrund. Es können nur jene Beschäftigungen als sinnvolle Beschäftigungsmaßnahmen bezeichnet werden, bei denen das Tier auch ein Erfolgserlebnis hat und damit einhergehend eine befriedigende Endhandlung erleben kann. Eine Verhaltensweise, die ständig wiederholt wird, ohne zum Erfolg zu führen, ist sinnlos. Dazu zählt etwa, wenn der Hund nutzlos einem geworfenen Ball oder Stöckchen hinterherrennt, auch wenn es als Spielzeug, wie zum Beispiel eine Frisbee-Scheibe, teuer verkauft wird. Abzulehnen ist auch die Praxis, den Hund mit dem Laserpointer quer durchs Wohnzimmer zu scheuchen, während der Halter selbst bequem auf dem Sofa sitzt. Stattdessen ist es für den Hund wichtig, dass er, sobald er das geworfene oder versteckte Objekt gefunden hat, daran zum Erfolg führende Beutefang-Handlungen ausüben kann. Besonders deutlich zeigen dies beispielsweise junge Kätzchen im Umgang mit ihrem Spielzeug, das immer dann sehr attraktiv ist, wenn es sich zerrupfen und zerreißen lässt. An Spielzeug, dessen Oberfläche oder Eigenschaften sich nicht ändern, verlieren viele Kätzchen ganz schnell das Interesse. Eines, das sich jedoch zerlegen oder verarbeiten lässt, bleibt oft bis in die kleinsten Fetzchen spannend.

In der Zoo-, Nutz- und Labortierhaltung haben sich in den vergangenen Jahren einige wichtige Prinzipien etabliert, die auch auf tier- und verhaltensgerechte Hundehaltung übertragen werden können und weitgehend unter dem englischen Begriff Enrichment (deutsche Übersetzung: Bereicherung) zusammengefasst werden können. Unterschieden wird dabei grundsätzlich die Umweltbereicherung (Environmental Enrichment) von der eigentlichen Verhaltensbereicherung (Behavioural Enrichment), wobei die Übergänge allerdings fließend sind. Vermutlich wäre es aussagekräftiger, die Einteilung nach den verschiedenen, durch die jeweilige Aktivität angeregten Funktionskreise des Verhaltens zu treffen.

FUNKTIONSKREISE

Unter dem Begriff Funktionskreis, der sich ebenfalls als ethologischer Standardbegriff etabliert hat, werden alle Verhaltensweisen, die zu einem bestimmten Zweck und zu einem bestimmten Verhaltenssystem gehören, zusammengefasst. So sind beispielsweise alle Handlungen des Nahrungserwerbs, von der Nahrungssuche über das Jagen, Packen, Hetzen und Zerlegen bis zum Fressen, gegebenenfalls auch bis zum Ausscheiden der unverdaulichen Reste, dem Funktionskreis Nahrungserwerb zuzuschreiben. Und so umfasst auch der Funktionskreis Jungtierbetreuung nicht nur das Säugen, Lecken und Putzen, sondern auch das Spielen, Bewachen der Jungen und andere elterliche Aktivitäten. Die Funktionskreise dienen nicht nur dazu, das Verhalten eines Tieres zu katalogisieren und zu beschreiben, sie können auch hilfreich dabei sein, verschiedene Formen von Beschäftigungsprogrammen zu erkennen und zu bearbeiten.

Wichtig: Den Hund auch mal nur »Hund« sein lassen.

So haben Erfahrungen mit Zootieren beispielsweise gezeigt, dass Verhaltensstörungen nicht unterbunden werden können, wenn der falsche, nicht zu ihnen gehörende Funktionskreis angeregt wird. Ein Tier, das auf der Suche nach Nistmaterial Kreisbewegungen am Boden ausführt, um eine Kuhle in einen eventuell ungeeigneten Boden zu wälzen, wird auch durch das Verstecken von Futter nicht von dieser Aktivität abzubringen sein. Ein gutes Beispiel ist auch eine häufige Bewegungsstereotypie der mongolischen Rennmaus, einem beliebten Haustier für Kinder. Die Rennmaus scharrt oft in einer Ecke des Terrariums, bis der Sand in alle Richtungen fliegt. Forschungen haben ergeben,

Freies Laufen und Bewegen sind Grundbedürfnisse aller Hunde.

dass diese Stereotypie nur verhindert werden kann, indem man den Tieren die Möglichkeit gibt, sich einen Tunnel in einen völlig dunklen Wohnkessel zu graben. Wurde die Stereotypie jedoch bereits entwickelt, kann sie nicht mehr durch die nachträgliche Bereitstellung einer für die Rennmaus geeigneten Wohnmöglichkeit verhindert werden. Das Scharren der Rennmaus kann auch mit keinen Angeboten, wie Futterstreuen oder einem attraktiven Artgenossen, unterbunden werden.

Deshalb lohnt es sich, einen Blick auf die verschiedenen Funktionskreise im Alltag eines Hundes zu werfen. Dazu eignen sich beispielsweise Studien, die weltweit an verwilderten Haushunden durchgeführt wurden, sehr gut. Lediglich siebzig bis neunzig Minuten pro Tag verbringen Hunde im allerweitesten Sinne mit dem Funktionskreis Nahrungserwerb. Rund hundertfünfzig Minuten hingegen sind für soziales Miteinander, Gruppenkuscheln etc. vorgesehen. Und entgegen vielfach geäußerter Meinung unternehmen die untersuchten Hunde durchaus Spaziergänge. Sie schlendern durchs Gebiet, schnüffeln, lauschen, pinkeln und scharren dort, wo sich ihnen die Gelegenheit bietet. Wenn sie dabei zufällig auf etwas Fressbares stoßen – umso besser. Nebenbei bemerkt, besteht 70 % der Nahrung dieser untersuchten Hunde aus vom Menschen beeinflussten Nahrungsresten, Müll, Nachgeburten von extensiv gehaltenen Nutztieren, menschlichem Kot etc. In keiner einzigen Studie wurden die verwilderten und menschenfern lebenden Haushunde jemals beim Jagen oder gar beim kooperativen Jagen auf Großtiere gesichtet. Alle Möglichkeiten der Beschäftigung, die sich an der Rudeljagd des angeblichen Wolfsvorbildes orientieren, greifen somit kräftig daneben.

Die unterschiedlichen Formen der Beschäftigungsprogramme können dementsprechend als Nahrungs-, Nestbau-, Informations- und Umwelt- oder ähnliche Formen der Beschäftigung zusammengefasst werden. Zu einem vielfältigen Beschäftigungsprogramm gehört es eben, möglichst viele Funktionskreise zu bedienen. Das Nahrungssuchverhalten, das Erkundungsverhalten im Zusammenhang mit anderen Artgenossen, das »Zeitung lesen« beim Spaziergang, aber auch eine strukturelle Beschäftigung durch ein möglichst vielfältig und komplex gestaltetes Wohnungsinventar sowie eine abwechslungsreiche Anregung der Sinnesorgane durch Geräusche, Gerüche, optische Reize etc. können dem Beschäftigungsprogramm des Hundes dienen. Trotzdem muss hier übergeordnet das Zeitbudget berücksichtigt werden. Die meisten dieser, vor allem aktiv zu erkundenden Reize sollten nur in kleinen Dosen präsentiert werden.

Luftwittern – eine natürliche Verhaltensweise von Hunden.

Die allgemeine Definition für Enrichment bzw. Beschäftigungsprogramm lautet: Identifizierung und Zurverfügungstellung jener Umweltreize, die für ein optimales psychisches und physiologisches Wohlergehen des Tieres notwendig sind. Gerade in diesem Zusammenhang ist ein Satz von Professor Norbert Sachser, der sich an der Universität Münster mit Stressforschung bei Tieren beschäftigt, von Bedeutung: Ein gutes Wohlergehen für ein Tier bedeutet nicht notwendigerweise ein gutes Leben (»Good Welfare does not necessarily mean good life.«).

Es kommt also darauf an, die vielfältigen Fähigkeiten des Hundes zu fördern und zu fordern, ohne dabei Über- oder vor allem Unterforderung entstehen zu lassen. Hier kann durchaus, wie insbesondere Zootierpfleger berichten, ein geistiges Wettrüsten zwischen Hund und Hundehalter stattfinden. Je einfallsreicher der Mensch ist, sich neue Verstecke, neue Beschäftigungen, neue Umweltstrukturen und neue Reizangebote auszudenken und je findiger der Hund ist, diese wiederum zu enttarnen, zu entdecken und nutzbar zu machen, desto anstrengender, aber auch desto spannender und letztlich anregender wird es für beide.

Dass es hierbei nicht darum geht, dem Hund den echten Hasen oder ein echtes Schaf zum Hüten als Freizeitbeschäftigung zu präsentieren, sollte selbstverständlich sein. Gerade die sogenannten Hüteseminare, bei denen unausgebildete und dementsprechend auch völlig unfähige Hütehunde aus Großstadthaltungen am Wochenende arme Schafe zusammentreiben dürfen oder die Praxis, sich lediglich zur Beschäftigung des eigenen Hütehundes Schafe zu halten, sind hochgradig tierschutzwidrig. Schließlich würde wohl kaum jemand auf die Idee kommen, sich einen Schauspieler zu engagieren, der einen Hühnerdieb mimt, nur um den Hofhund oder den Herdenschutzhund zu beschäftigen.

Vielmehr geht es darum, wie bereits geschildert, möglichst viele Verhaltensweisen mit anschließendem Erfolg zu simulieren. Hierfür wurde, ebenfalls in der Labortier- und Zootierhaltung, das Prinzip der funktionellen Substitution erfunden. Wenn ein Bär oder eine Großkatze einen alten Kartoffelsack zerreißt, in welchem zwischen Heu und Stroh einige Fleischstücke oder andere Leckereien versteckt sind, so kann das Tier mit dem gleichen Erfolg die gleichen Handlungen vollführen wie beim Zerreißen der Bauchdecke eines Beutetieres und dem anschließenden Herausholen von Leber, Nieren und anderen schmackhaften Innereien. Wenn ein Eisbär auf eine schwimmende Plastikplatte springt und diese damit zum Umstürzen bringt, kann er das gleiche Verhalten zeigen, wie wenn er mit einem Sprung auf eine Eisscholle eine darunter befindliche Robbe aufscheucht.

Der Hundehalter muss also erfinderisch und kreativ sein und aber immer daran denken, dass vor allem die sozialen Kuscheleinheiten und anderen gemeinsamen Stunden wichtig sind, um den für das psychische Wohlbefinden von Hund und Mensch gleichermaßen wichtigen Funktionskreis zu bedienen.

KOMMANDOS,
Kommandos, nichts als Kommandos

Dem eigenen Hund zeigen, dass von einer aufrechten Körperposition des Menschen keine Bedrohung ausgeht.

Rituale und Regeln werden unter anderem über Kommandos vermittelt. Natürlich können Rituale auch zum Vertrauensaufbau und zur Kommunikation beitragen. Beides sind wichtige Faktoren, wenn es darum geht, sich zu einem harmonischen Team zu entwickeln.

Im Umgang mit seinem Hund bemerkt man schnell, dass er sich einem gegenüber anders verhält, wenn man ihn frontal anstarrt oder sich über ihn beugt, anstatt sich etwa seitlich anzunähern.

Das liegt daran, dass wir Menschen uns, aus Hundesicht betrachtet, oft sehr »unhöflich« verhalten oder sogar eine drohende Körperhaltung verwenden.

Das langfristige Ziel sollte zwar sein, dass man dieses für den Hund unangenehme Verhalten nicht mehr zeigt. Der Hund muss aber trotzdem lernen, es zu tolerieren, wenn sich andere Personen nicht an die Höflichkeitsregeln halten. Beispielsweise nimmt kein Passant in der Stadt Rücksicht darauf, dass er lieber einen »deeskalierenden Bogen« um einen Hund machen sollte und geht direkt nahe am Hund von A nach B.

Das bedeutet aber, dass der Hundehalter in die Pflicht zu nehmen ist, denn er muss dem Hund dieses menschliche Fehlverhalten vermitteln und ihm beibringen, entsprechend darauf zu reagieren.

Um im Alltag mit dem Hund ein gutes und harmonisches Team zu bilden, liegt es auch an einem selbst, Führungskompetenz zu beweisen. In diesem Zusammenhang sollte man den Begriff »Rudelführer« verwerfen, da dieser einen völlig falschen Eindruck vermittelt und ethologisch falsch ist. Hunde und Menschen können jedoch »gemischtartliche« Gruppen bilden, wenn der Hund ordentlich an Menschen und Hunde gewöhnt ist. Der Mensch soll jedoch durchaus »Leittier«-Kompetenzen im Sinne der Anführer-Gefolgschaftsbeziehung besitzen.

Als souveräner Mensch kann der Hundehalter seinem Hund jede Hilfestellung

Hunde haben ganz individuelle Persönlichkeiten, daher finden sie unterschiedliche Dinge mit »ihren« Menschen lustig.

geben und ihm zeigen, dass alles in Ordnung ist. Um dies zu vermitteln, eignen sich nicht nur Leckerlis zur Belohnung. Eine Studie aus dem Jahr 2016 von Gregory Burns und seinem Team (»Awake Canine fMRI Predicts Dogs Preference for Praise Versus Food«, Social, Cognitive and Affective Neuroscience, 12.8.2016) zeigte, dass die meisten Hunde großes Lob einem saftigen Stück Fleisch entweder vorziehen oder beides gleich gerne mögen.

Viele Hundehalter versuchen alles, was der Hund tun oder unterlassen sollte, zu konditionieren. Es bringt jedoch Vorteile, wenn der Hundehalter sich darin übt, den Hund auch mal Hund sein zu lassen. Denn so erlangt er die notwendige Sicherheit im Umgang mit seinem Hund, um zu erkennen, wofür und wann ein Kommando benötigt wird. Dieses Kommando sollte dann aber auch gut aufgebaut werden. Wichtig bleibt nach wie vor, die entspannte Zeit mit dem Hund in seiner gesamten Persönlichkeit mit all seinen möglichen »Macken«, zu genießen.

Das Einüben von Tricks macht Spaß und bereitet gemeinsame Erfolge.

BELOHNEN UND BESTÄRKEN, ABER BITTE RICHTIG!

Häufig sind Hundehalter dabei zu beobachten, wie sie ihrem Hund über den Tag verteilt »einfach so«, ohne eine wirkliche Leistung von ihm zu erhalten, Leckerlis geben, etwa weil er gerade so süß schaut. Anschließend wundern sich diese Hundehalter, warum ihr Hund nicht folgt oder macht, was er will.

Aus Menschensicht betrachtet, ist das total logisch. Erhält ein Mitarbeiter seinen Lohn, obwohl er keine Leistung im Job bringt, fragt dieser sich natürlich, weshalb er überhaupt noch Leistung erbringen sollte.

Natürlich kann man dem Hund auch mal ein Leckerchen geben, wenn er »süß« ist. Es ist wie immer und überall – das Maß und Ziel ist zu beachten. Umgekehrt ist es jedoch strikt abzulehnen, dass ein Hund für sein normales, tägliches Futter Leistung erbringen muss!

Hier folgt ein kleiner Ansatz zur Belohnungsüberprüfung beim Hund.

Zu Beginn ist die Motivation, also die Belohnung, für den Hund zu überprüfen.

Dazu bietet man ihm in beiden Händen verschiedene Leckerchen an, beispielsweise in der rechten Hand Kekse und in der linken das normale Hundefutter. Nun testet man die Belohnungen nach seinen Vorlieben und notiert sich, welche die beste Belohnung, den Jackpot, für den Hund darstellt und ebenso, welche weniger gewünscht sind. Jene Leckerchen, bei denen er richtig hibbelig, unruhig und wahrscheinlich auch gieriger wird (Wurst etc.), können im Training als Jackpot-Belohnung verwendet werden. Sie kommen dann zum Einsatz, wenn der Hund etwas ganz toll gemacht hat.

Für ein Kommando, mit dem vom Hund etwa eine gewisse Ruhe verlangt wird, wird eine Belohnung benötigt, die er gerne hat, aber die nicht sein Favorit ist, bei der er nicht »durchdreht«.

Demnach sollte man die Leckerchen einteilen, so dass für alle Anlässe auch das Richtige zur Verfügung steht.
Es sollte aber nicht vergessen werden, dass die Leckerchen immer wieder mal variieren dürfen. Denn wer möchte schon jeden Tag dasselbe essen?

Die Qualität und der Rhythmus der Belohnung sollten genau auf die Persönlichkeit des Hundes abgestimmt sein. So gibt es hochmotivierte, zum Teil regelrecht übermotivierte Hunde und solche, die bereits zu Bewegungsstereotypien neigen, wie Kreiseln, Rute jagen oder rhythmischem Kläffen. Für diese Hunde sollte nach Erkenntnis einschlägiger Labortierstudien keinesfalls eine hochwertig-schmackhafte Futterbelohnung erfolgen, da die Erwartungshaltung des Hundes den Dopamin-Ausstoß und somit die Übermotivation weiter steigert, beziehungsweise die Stereotypie-Neigung erhöht. In diesen Fällen muss mit langweiligem Standardfutter oder ruhiger sozialer Bestätigung, wie einem tief gesprochenen Lob, ruhigen Streicheleinheiten etc., belohnt werden.

Andererseits gibt es unter Hunden Pessimisten, die schon bei dreimaligem Abruf einer Übung ohne nachfolgende Bestätigung oder Belohnung die Arbeit einstellen oder abschwächen. Das von vielen Trainern bei der Intervallbestätigung angenommene »Spielautomatenprinzip« wirkt also vorwiegend bei Optimisten, und leider sind das oft die beharrlichen Hunde, die im Alltag durch sehr viel Sturheit, oder positiv formuliert, durch Beharrlichkeit auffallen.

Laut Forschungsergebnissen ist der Zusammenhang zwischen normalem Fressverhalten und dem Ansprechen auf Lob und Belohnung sehr deutlich: Hunde, die wie »Staubsauger« fressen, sind in der Regel durch Leckerlis gut zu belohnen. Hunde, die langsam, aber gewissenhaft fressen, sind durch soziale Zuwendung mindestens ebenso gut zu bestätigen. Und mäkelige Fresser können laut Studien weder durch das eine, noch durch das andere belohnt werden.

Eine leere Haushaltspapierrolle kann zu einem tollen Beschäftigungsgegenstand für Hunde verwandelt werden.

Die Rolle ist gefüllt mit Leckerlis und Papier, daher muss sie erst einmal zerpflückt werden, damit der Hund an die Belohnung kommen kann.

Erfahrungsberichte zeigen hingegen, dass die mäkeligen Fresser oft introvertierte »Bastlertypen« sind, die zum Beispiel durch das selbstständige Lösen einer Intelligenzaufgabe oder durch ein »bastlerisches« Objektspiel, etwa für das Erkunden eines Gegenstandes, motivierbar sein können.

Der Hundehalter sollte sich zuvor überlegen, welche Erwartungshaltung er mit gewissen Situationen oder Übungen in seinem Hund erschaffen will. Man stelle sich vor, ein neues vierbeiniges Familienmitglied zieht als Welpe bei einem ein. Man möchte natürlich alles besonders gut machen und beginnt damit, dass es immer, wenn man etwas Neues mit seinem Hund lernt, Leckerli-Jackpots mit ganz hochwertiger Belohnung für den Hund gibt. Wenn man dies »nur« über ein paar Wochen so praktiziert, wird man schnell merken, dass jede neue Situation den Hund in eine erhöhte Aufregung versetzt, alleine durch die Erwartungshaltung des Jackpots. Wenn nun, meist mit dem Lernfortschritt, die Belohnungen verändert werden, entsteht für den Hund etwas Negatives. Er ist frustriert, weil seine Erwartung in die Situation nicht erfüllt wurde.

Daher sollte man immer zuvor überlegen, welche Bestätigungsform für welches Individuum Hund am besten gewählt wird. Wenn man dem Hund vertrauensvoll in neuen Situationen als »Leittier« hilft, wobei man seine eigene Stimmung, die an den Hund übertragen wird, beachten sollte, so könnte dies auch eine gute Möglichkeit darstellen.

Bringt man seinem Hund nun einige für den Alltag sicher sinnvolle Kommandos bei, so ist dies auch eine Art der Beschäftigung und auch hier gilt wieder, dass wir keine »roboterähnlichen« Hunde wollen, sondern Hunde, die gerne geistige Leistung bringen, die aber keinesfalls »überbespaßt« werden dürfen oder auf den nächsten »Click« als Höhepunkt warten. Das Clicker-Training wird hier nicht verteufelt, ganz im Gegenteil.

CLICKER-TRAINING

Bei dieser Art des Trainings muss beachtet werden, dass ein Sekundärverstärker, der Clicker, einen Hund immer »aktiviert« und damit nach der Lerntheorie eine Ruheposition beispielweise nur schlecht vermittelt werden kann.

Ein Click kündigt dem Hund ein Leckerchen (Primärverstärker) an, und sofern dieser Clicker nun gut antrainiert wurde, entsteht im Hund eine hohe Erwartungshaltung und erhöhte Erregung auf den bevorstehenden Click. Wenn mit dem Clicker gearbeitet wird, verschafft dieser dem Hundehalter mehr Zeit (zwischen Click und Leckerchen), um den Hund zu belohnen. Ein Click ersetzt NIEMALS ein Leckerchen – denn der Click kündigt die Belohnung an. Würde es nach einem Click keine Leckerchen mehr geben, würde die Konditionierung auf den Reiz Clicker wieder abebben.

Es gibt mehrere Methoden, mit dem Clicker zu arbeiten. Die Form des »free shaping« ist für viele Hunde sehr stressig und sie werden allzu lange in die Erwartungshaltung des »Was muss ich tun, um zum Click zu kommen?« versetzt. Hierbei kann es sich keinesfalls um eine ruhige, hundegerechte Beschäftigungsform handeln. So sollte genau abgewägt werden, welchen Typ der Hund verkörpert und ob ein Clicker-Training angebracht ist.

NAME DES HUNDES

Als erste sinnvolle Übung eignet es sich, den Namen des Hundes für ihn richtig interessant zu machen. Somit werden Aufmerksamkeitssignale oder ein »Marker-Wort«, welches dazu dient, den Blick des Hundes bei einem bestimmten Geräusch oder einem Wort auf den Halter zu lenken, gänzlich überflüssig. Wichtig ist jedoch, dass dem Hund sein Name nicht täglich und unnötig präsentiert wird, denn dadurch verliert dieser für ihn an Bedeutung.

Das Training dazu ist recht einfach. Man beginnt damit, seinen Hund immer mit dem Namen anzusprechen, wenn etwas Spannendes und für den Hund Positives im Übungszeitraum passiert.

Dies ist vor allem auch für den Hundehalter eine große Übungsaufgabe, da die tägliche Interaktion mit dem Hund angepasst werden muss. Dies erfordert Zeit, Geduld und Übung, bringt jedoch den gewünschten Erfolg. Man sollte sich im täglichen Training unbedingt an den »tollen Eigenschaften« – also an den von seinem selbst gewünschten Verhaltensweisen des Hundes orientieren, um seinen Hund mit seinem Namen anzusprechen und loben zu können.

Dadurch wird eine Erwartungshaltung im Hund geschaffen, dass sein Name immer dann fällt, wenn es aus Hundesicht wichtig ist. Nach diesem erfolgreichen Training kann man den Hund jederzeit ansprechen und er wird seinen Halter selbst in schwierigen Situationen aufmerksam ansehen.

Nichts ist schöner, als ein immer abrufbarer Hund – und dies bei allen Gelegenheiten und Ablenkungen!

Hunde lernen auf verschiedenste Arten, unter anderem auch ortsbezogen. Daher ist es auch nicht verwunderlich, dass Hunde beispielweise zu Hause meist prima folgen. Der Hund hatte vermutlich reichlich Zeit, um genau zu wissen, was an diesem Ort von ihm verlangt wird und neue Reize treten nach dem erfolgreichen Einzug ins neue Zuhause nur sehr begrenzt auf. Ein weiterer Aspekt, warum das Gelernte zu Hause klappt, unterwegs aber nicht, ist die stressärmere, weil bekannte Umgebung. Beim Abrufen des Gelernten ist eine stressarme Situation sehr wertvoll, während beim Erlernen ein milder Stresspegel durchaus hilfreich und sinnvoll sein kann.

Beim Erlernen eines neuen Kommandos sind Hunde zunächst freudig und aufmerksam, da sie von Natur aus neugierig und an Neuem interessiert sind. Damit der Hund aber auch später in jedem Fall beispielsweise zuverlässig kommt, wenn man ihn ruft, muss das Kommando sehr souverän, öfter und konsequent mit der notwendigen positiven Verstärkung in verschiedenen Situationen geübt werden. Es muss sich

für ihn »lohnen«, zu kommen! Deshalb sollte man sich für seinen Hund interessant machen. Es ist ein häufiger Fehler, dass die »guten« Belohnungen (Wurst etc.) zu früh gegen langweilige Leckerchen (Trockenfutter etc.) ausgetauscht werden. Erst wenn das Kommando wirklich perfekt erlernt ist und der Hund sich nicht mehr im Übungsaufbau befindet, kann von der »Immerbestätigung« auf die »Intervallbestätigung« gewechselt werden.

Das neue Kommando sollte immer dann gesagt werden, wenn der Hund eigentlich schon auf dem Weg zu seinem Halter ist. Denn dadurch lernt er auch in

der körpereigenen Muskelerinnerung, dass der Abruf eine Bewegung zu ihm bedeutet. Es empfiehlt sich natürlich eine schnelle Bewegung, denn dann kann die Ablenkung mit dem Lernfortschritt gesteigert werden.

Heutzutage ist es durchaus üblich und es bestehen auch verstärkt die Möglichkeiten, Hunde überall hin mitzunehmen. Hunde sind regelrecht gesellschaftsfähig geworden, beziehungsweise werden gerne als »soziale Unterstützer« des Menschen eingesetzt. Für Hunde ist es ein tolles Leben, wenn sie viel Zeit mit »ihren Menschen« verbringen können. Da aber auch dem Ruhebedürfnis des Hundes als natürlichem Gegenspieler der Aktivität nachzukommen ist, hier ein kleiner Trainingsansatz zum »Alleinebleiben«.

WICHTIG FÜRS TRAINING

Es muss langsam vorgegangen und/oder bereits am Anfang keine großen Ablenkungen eingebaut werden, da das den Erfolg schmälern kann. Der Hund könnte in diesem Fall auch wieder lernen, dass er doch nicht immer kommen muss. Geübt werden sollte nur gelegentlich und über den Tag verteilt, denn das bringt oftmals mehr als ein exzessives Training. Außerdem bereitet es Mensch und Hund auch größeren Spaß als Druck und Stress im Training.

ALLEIN BLEIBEN

Alle Hunde binden sich mehr oder weniger stark an ihren »Familienverband« und müssen das Alleinsein manchmal erst lernen. Ein Verlassenwerden von den Gruppenmitgliedern kann gerade für Junghunde eine potenziell lebensbedrohliche Situation darstellen. Hunde ursprünglicher oder rückgekreuzter Rassen und deren Mischlinge haben in dieser Situation oft ein größeres Problem. Begründet ist das damit, dass einerseits die Lebensgefahr durch das Alleinsein beim Wolf größer ist und andererseits das Adrenalin-System, welches für die erste Phase des Alleinseins, die Protestphase zuständig ist, im Zuge der Haustierwerdung allgemein abgeschwächt wurde.

Ganz besonders wichtig ist es zu wissen, dass das stark agierende Cortisol-Stresssystem eine sehr langsame Abbaurate hat. Große Bedeutung hat dies gerade für spätere Phasen der Trennungsreaktion oder für deren verstärktes Aufschaukeln bei pessimistischer Grundhaltung, insbesondere bei vorgeschädigten Hunden (Tierschutz, Ausland, Trauma ...) oder introvertierter Persönlichkeit. In solchen Fällen kann schon eine Folge von mehreren Tagen mit je zweimaliger Trennungsübung im Laufe einer Woche zum Totalabsturz des Hundes führen. Dies muss bei den Trainingseinheiten mit dem Hund unbedingt beachtet werden.

Hunde, die das Alleinsein nicht gelernt haben, sind in dieser Situation oft sehr aufgeregt, was dazu führt, dass ihr Körper Stresshormone ausschüttet. Dabei werden auch Hormone freigesetzt, die für den Wasserhaushalt verantwortlich sind. Beim Menschen ist es allgemein bekannt, dass bei Aufregung die Toilette öfter aufgesucht werden muss. Bei Hunden ist es ähnlich – durch die Aufregung müssen auch sie »ihr Geschäft« verrichten. Dabei darf dem Tier keinesfalls unterstellt werden, dies absichtlich oder »als Strafe für das Zurücklassen« herbeigeführt zu haben. Ein Hund, der erhöhten Stress mit dem Alleinsein hat, aber niemanden der ihn raus lässt, muss nun mal sein Geschäft im Haus verrichten. Hunde versuchen aber auch, ihren Stress abzubauen. Dazu kauen sie sehr gerne, was leider dazu führen kann, dass sie an Dingen kauen, die nicht dafür vorgesehen sind und die dadurch kaputtgehen können. Für Hunde ist es nicht von Natur aus ersichtlich, dass sie keinen Holztisch anknabbern dürfen.

Aus diesem Grund sollten Hunde unbedingt lernen, dass das Alleinbleiben keine Aufregung, Anspannung und Stress bedeuten muss. Dies kann unter anderem so erreicht werden:

Um das Alleinbleiben zu trainieren, ist es wichtig, immer das gleiche Ritual durchzuführen. Es gibt dem Hund Sicherheit und Vertrauen, dass sein Mensch immer wiederkommt, auch wenn er mal alleine gelassen wird.

Dazu beginnt man das Training am besten zu einer Tageszeit, an der der Hund zumeist schläft. Das bewirkt, dass er nicht bereits zu Beginn angespannt und unruhig ist. Es wird sich ein Kommando überlegt, das dem Hund Ruhe vermittelt, wie etwa: »Schön schlafen, Frauli kommt gleich.« Die Stimme darf beim Kommando auf keinen Fall hektisch und nervös klingen, denn das würde sich auf den Hund übertragen und das Training erschweren. Nach dem Kommando gibt man dem Hund beispielsweise eine Kaustange und verlässt das Haus. Hier ist wichtig, dass man am Anfang nur ganz kurz, etwa zehn Sekunden, wegbleibt und die Dauer des Alleinseins erst mit dem Lernerfolg steigert.

Wenn man das Haus wieder betritt, begrüßt man seinen Hund sehr kurz und mit ruhiger, gelassener Stimme, unbedingt jedoch ohne Bedauern oder heller Aufregung. Am besten nach dem Motto: »Ich bin wieder da!« Danach widmet man sich anderen, »alltäglichen« Dingen. Je gelassener und souveräner das Training abläuft, desto schneller wird der Hund merken, dass es etwas ganz Normales und Langweiliges ist, alleine zu bleiben. Es ist wichtig, dieses Training oft durchzuführen, damit man in naher Zukunft auch eine Stunde weg sein kann. Es muss dabei immer wieder die eigene Körperhaltung und -spannung überprüft werden, die diese Gelassenheit und Normalität unbedingt widerspiegeln muss. Der Hundehalter darf keine Probleme, Bedenken oder gar Ängste dabei haben, seinen Hund alleine zu lassen, ansonsten wird er diese Gefühle auch auf seinen Hund übertragen. Das kann dazu führen, dass das Training keinen beziehungsweise nur sehr langsamen Erfolg zeigt.

Wenn dieses Training konsequent durchgeführt wird und die Dauer der »Allein-bleibe-Einheiten« bei positivem Erfolg immer wieder gesteigert wird, wird es für den Hund bald kein Problem sein, sich zu entspannen, wenn der Halter nicht zu Hause ist.

Hatte der Hund bereits negative Erfahrungen mit dem Alleinbleiben, sollte man unbedingt noch langsamer vorgehen. Es kann sein, dass eine kurzzeitig geschlossene Zimmertüre für den Hund bereits eine »schwere Übung« darstellt, und in diesem Fall wäre, wie schon eingangs erwähnt, eine tägliche Übungseinheit nicht angebracht.

Gut erzogene Hunde mit natürlich gesetzten Grenzen sind eine Wohltat für unsere Gesellschaft und helfen auch ganz nebenbei, das Bild der Hunde in der Öffentlichkeit zu verbessern.

Bei jeder Problemlösung mit seinem Hund sollte immer das vertrauensvolle,

Kurzes Warten und Verbleiben kann auch prima unterwegs trainiert werden.

verständnisvolle und respektvolle Miteinander im Familienverband im Vordergrund stehen. Es ist nicht immer einfach, den Alltag mit dem Hund ausgewogen zu gestalten, dennoch sollte genau überlegt werden, was Hund und Hundehalter guttut und was nicht. Dabei sollte auf Aktivitäten gesetzt werden, die den Hund weder überfordern noch unterfordern.

Eine gemeinsame VERSTÄNDIGUNG FINDEN

Das Ausdrucksverhalten von Mensch und Hund unterschiedet sich stark voneinander.

Menschen und Hunde haben in ihrem Zusammenleben zwar eine lange Geschichte, dennoch ist die Beziehung nicht immer so harmonisch, wie es alle gerne hätten. Sie ist nicht so wie in einer langen Ehe, in welcher die Partner einander blind verstehen. Es muss von Beginn an sehr viel gearbeitet werden, um die kleinsten körperlichen und auditiven Signale zu erkennen.

Hunde und Menschen kommunizieren unterschiedlich. Hunde benutzen all ihre Sinne, um mit ihrer Umwelt und dadurch auch mit dem Menschen zu kommunizieren. Menschen beschränken sich bei der Kommunikation mit ihrer Umwelt viel mehr auf den Sehsinn und die Vokalisation.

Versuchen Menschen ihre Hunde ausschließlich mit Worten zu trainieren, machen sie sich das Training unnötig schwer. Denn Hunde achten je nach Zusammenhang einmal mehr auf die Köpersignale ihres Hundeführers, dann wieder auf das gerufene Wort. Daher sollte sich jeder, der mit einem Hund zu tun hat, bewusst sein, dass dieser »seinen« Menschen in jeder Minute des Zusammenseins genau studiert. Und das sollte der Mensch ebenso tun, wenn er mit seinem Hund etwas unternimmt. Wohlfühlverhalten von übersteigertem Stressverhalten zu unterscheiden, sollte für jeden Hundehalter schnell und schon fast »blind« möglich sein.

ÜBUNG MACHT DEN MEISTER – VOR ALLEM IM SIGNALWESEN

Grundsätzlich ist das Erkennen von Signalen des Hundes eine Übungssache. Es kann durchaus mit dem Training eines Muskels verglichen werden. Je mehr trainiert wird, desto leichter fällt die Übung.

Hundehalter sollten sich bei allem Eifer jedoch streng davor hüten, zu schnelle Schlussfolgerungen zu ziehen, denn diese sind die häufigste Fehlerquelle. Mit nur einem Blick das richtige Verhalten zu erkennen, wird meist nicht funktionieren. Oft sendet ein Hund widersprüchliche Signale, vor allem, wenn er sich selbst noch im Unklaren ist, wie er die Situation einschätzen soll. Grundsätzlich sollte davon ausgegangen werden, dass aus einem einzigen Augenblick niemals die richtige Interpretation eines Verhaltens erschlossen werden kann und man muss sich immer des Kontextes bewusst sein. Daher kann eine Verhaltensinterpretation immer nur eine Momentaufnahme darstellen und muss immer im entsprechenden Zusammenhang richtig interpretiert werden.

NEUES ERKUNDEN

Es ist davon auszugehen, dass das Wohlbefinden des Hundes durch das Präsentieren einer neuen Beschäftigung und damit einer neuen Sinnesanregung steigt. Das Erkundungsverhalten, das der Hund bei der Erforschung neuer Dinge zeigt, kann meistens als Indikator dafür dienen. Zeigt er sich nicht neugierig und stellt das Erkunden ein, ist davon auszugehen, dass der Hund kein Interesse an dem neuen Objekt (Reiz) hat.

Alles Neue bedeutet für das Tier ein gewisses Maß an Stress. Das Neue könnte ja auch Gefahr für das eigene Überleben bedeuten. Die Beobachtung

Die Signalgebung des Menschen muss vom Hund erst verstanden werden.

Der Hund kann sich auch von neu angebotenen Objekten wegbewegen, ohne dass der Halter »enttäuscht« sein sollte.

von Hunden zeigt, dass das Verhalten der Hunde bei Spielzeugen oder Beschäftigungsmaterialien, mit denen sie schon einmal positiven Kontakt hatten, entspannter ist, als bei Einführung eines neuen Beschäftigungsobjekts. Wird dem Hund zum Beispiel das erste Mal eine Haushaltsrolle, gefüllt mit Leckerlis, angeboten, ist deutlich zu beobachten, wie sich die Körperspannung und auch die Körperhaltung des Hundes verändert. Er wird zuerst ein vorsichtiges Annähern zeigen, mit kurzen Sequenzen des Zurückweichens. Erst nach ein paar Berührungen mit Schnauze oder Pfote, und wenn nichts Unangenehmes passiert ist, wird die Rolle intensiver und dauerhafter berührt und versucht, daran zaghaft zu nagen oder sie gar zu zerreißen. Dieses Verhalten wird beim zweiten Mal kaum oder gar nicht mehr gezeigt. Der Hund wird vielmehr versuchen, schneller und effizienter an die Leckerlis zu kommen. Dazu wird er viel mehr probieren, weil er bereits weiß, was er zu erwarten hat.

Es ist daher immer wichtig, darauf zu achten, welches Verhalten der Hund bei der Einführung eines neuen Reizes zeigt. Wird eine neue Beschäftigung eingeführt und beginnt der Hund vorerst vorsichtig zu erkunden, ist festzustellen, dass er bald immer stürmischer, schon fast hektisch sucht. Hat er dabei auch eine schnellere Atmung, eine starke Körperspannung, eventuell auch eine leicht eingezogene Rute oder aber auch eine hoch aufgestellte steife Rute, ist Vorsicht geboten. Dieses Verhalten kann signalisieren, dass der Hund mit diesem Reizangebot überfordert ist. Eine andere mögliche Reaktion ist, dass der Hund kurz Erkundungsverhalten zeigt, sich dann aber abwendet. Auch dieses Verhalten kann bedeuten, dass er mit dem Beschäftigungsangebot kein Wohlbefinden verbindet. Bei Stress wird das Erkundungsverhalten eingestellt.

Der Hundehalter spielt hier eine entscheidende Rolle. Es gibt beispielsweise Hunde, die sich in der Nähe ihrer Menschen weniger trauen, als wenn diese Personen nicht anwesend sind. Zum Teil hängt dies auch von der Bindungsqualität ab. Gerade pubertierende, unsichere oder neu eingezogene Hunde sind oft noch nicht in der Lage, ihren Menschen als sichere Basis zur entspannten Erkundung zu nutzen. In solch einem Fall kann man probieren, einen neuen Reiz zu präsentieren, während man sich mit etwas ganz Anderem, wie einem Film oder einem Buch, beschäftigt. Diese Übung hat den Sinn, dass der eigene Fokus nicht die ganze Zeit auf dem Hund und seinem Erkundungsverhalten liegt. Denn selbst das mögliche schwerere Ausatmen des Hundehalters kann dazu führen, dass der Hund dies mit einer Enttäuschung verknüpft und nun den neuen Reiz auch damit kombiniert.

Je nach Persönlichkeit des Hundes können verschiedene Wege gewählt werden, um neue Reizangebote einzuführen.

1. Für manche Hunde ist es wichtig, dass Neuerungen immer in der gleichen stabilen Umgebung eingeführt werden. Es sollte darauf geachtet werden, wie viele Angebote in welcher Häufigkeit zum Einsatz kommen. Zum Beispiel können einmal die Woche etwas Neues und an den restlichen Tagen mehr oder weniger Beschäftigungen angeboten werden, die der Hund schon kennt.
2. Wird der Ort oder die Umgebung für das Beschäftigungsprogramm des Hundes häufig verändert, sollten Neuerungen nur selten und mit Bedacht gewählt werden, da die Änderungen der Umwelt an sich schon neue Reize darstellen. Je nach Hundetypus können diese Veränderungen der Umwelt mehr oder eben weniger Stress bedeuten.
3. Manche Hunde stresst es weniger, wenn sie ein neues Reizangebot gemeinsam mit Artgenossen erkunden können. Sich gegenseitig beobachten zu können, wie das Neue explorativ erfasst wird, nimmt vielen Hunden die Furcht vor dem Unbekannten – ganz nach dem Motto: »Wenn es meinem Kollegen beziehungsweise Freund nichts macht, kann es auch für mich nicht so schlimm sein!«

Mit dem eigenen Hund zu spielen oder mit ihm ein anderes Freizeitvergnügen gemeinsam zu erleben, soll dem Hund Freude bereiten. Darum ist es für Hundehalter schwer zu erkennen, wenn sie ihre Hunde mit dieser »schönen Zeit« stressen und überfordern. Die eigenen Emotionen sind dem Menschen in diesem Fall stark im Weg, da die Intention »Freude zu bereiten« übergroß empfunden wird. Wenn man Freude bereitet, kann das doch nichts Negatives sein!

In vielen Fällen aber leider doch. Dem Hund wird zum Beispiel ein Schuhkarton vorbereitet, in dem ein in Papier gewickeltes Schweineohr versteckt ist. Die Schachtel soll den Hund beschäftigen, indem er sich bemüht, sie zu öffnen und danach das große Erfolgserlebnis bereiten, wenn er das Schweineohr findet. Grundsätzlich ein guter Gedanke. Ist der Karton jedoch zu groß oder zu fest verschlossen und der Hund besitzt nicht die Fertigkeit, um den Karton zu öffnen, führt das für ihn zu Frustration. Denn er riecht das Schweinohr zwar, kann es aber nicht erreichen. Frustration ist immer mit Erregung verbunden. Der Hund wird hektischer, speichelt vermehrt, fängt zu bellen oder zu knurren an. Man kann sich diese Situation verdeutlichen, indem man sich vorstellt, dass man extrem hungrig ist, die gut duftende Lieblingsspeise aber in einem Metallkäfig verschlossen ist und man keinen Schlüssel dazu hat. Nachdem man versucht hat, den Metallkäfig zu öffnen oder das Schloss zu knacken, realisiert man, dass es nicht funktioniert und man wird ärgerlich werden. Je nach Mentalität vielleicht auch auf den Metallkäfig einschlagen.

Man sollte sich immer bewusst sein, dass eine Emotion auch umschlagen kann. Ein Hund, der beim Spiel Wohlbefinden zeigt, kann dieses bei einem negativen Erlebnis in Frustration umwandeln. Keine gute Sache, aber jeder Hund sollte lernen, mit einem gewissen Maß an Frustration klarzukommen. Empfindet ein Hund beim Spiel ekstatische Freude, wird er nicht nur frustriert sein, wenn sein Spielbedürfnis nicht erfüllt wird, sondern er wird eine ebenso große, aber negative Emotion wie bei der Freude empfinden, nämlich Wut. Und diese kann Aggressionsverhalten auslösen. Deswegen sind diese Emotionen gar nicht gut im Umgang mit Spiel und Freude, die ein Hundehalter mit seinem Hund erleben möchte. Zusätzlich sollte auch hierbei wieder darauf geachtet werden, ob dies alles wirklich »nur« Spiel und Freude für den Hund ist. Wenn damit so viel Frustration verbunden ist, dann ist dies alles zu viel! So lernt der Hund nämlich keine Frustrationstoleranz. Ganz im Gegenteil, der Hund wird im Kontext auf Neuerungen oder auf »Beschäftigungsformen« viel Frust-affiner.

Den Gegenstand suchen, finden und ganz schnell in Sicherheit bringen, um ihn dort dann in Ruhe zu erkunden und zu zerpflücken.

Zusätzlich muss der Hundehalter immer darauf achten, dass die Beschäftigungsaufgaben dem Können und der Erfahrung des Hundes entsprechen. Zeigt der Hund Anzeichen von Stress, weil eine Aufgabe zu schwer gestaltet ist, sollte der Hundehalter eingreifen und bei der Aufgabe helfen. Beim Beispiel des Schuhkartons sollte er den Karton für den Hund teilweise öffnen, damit dieser leichter zum Schweineohr gelangt.

Es muss auch darauf geachtet werden, welche Beschäftigungsformen man wählt. Besitzt man etwa eine Spedition und es stehen üblicherweise Pappkartons herum, dann ist von einer Beschäftigungsform mit Schachteln abzuraten. Warum? Dem Hund sollte nicht beigebracht werden, Schachteln zu öffnen und dass dies Freude bereitet. Denn so besteht die Gefahr, dass er dies möglicherweise auch bei Speditionsgütern tut. Und eigentlich kann der Halter dann nur auf sich selbst böse sein, wenn der Hund Speditionsgut zerstört, denn schließlich hat er dem Hund beigebracht, wie man Schachteln öffnet und sie zerstört.

Es muss deshalb genau überlegt werden, was im Leben des Hundeshalters mit seinem Hund machbar und auch sinnvoll ist. Hat man viele Zeitungen und Bücher herumliegen, sollte man diese Sachen nicht zur Beschäftigung für den Hund verwenden, da er gar nicht lernen soll, dass diese zu nehmen und vielleicht zu zerstören sind.

ERREGUNGSVERHALTEN ERKENNEN

Am einfachsten ist meist die veränderte **Körperspannung** zu erkennen. Anspannung in der Hals- und Schulterregion sowie weiter hinten beim Rutenansatz sind Anzeichen für einen erhöhten Erregungszustand. Je nach Hund und Erfahrungen wird nur eine Region angespannt, eventuell aber auch alle gleichzeitig. Wird beobachtet, dass die Spannung anhält oder sogar stärker wird, und dass der Hund einen steifen Gang zeigt, ist er aus dieser Situation herauszunehmen. Folgt einer solchen Anspannung gleich eine Entspannung, kann der Hund mit der unangenehmen Situation gut umgehen. Meist ist dabei ein Schütteln des Hundes zu beobachten – ein sogenanntes »Stressabschütteln«.

Wenn eine Situation für den Hund sehr aufregend ist, stellt sich beispielsweise in der Nackenregion und auf dem ganzen Rücken das Fell auf. Dies wird als Piloerektion bezeichnet. Selbst die Haare auf dem Rutenansatz können dabei aufgestellt werden. Auch die Rutenbewegung (»Schwanzwedeln«) ist übrigens mit Aufregung verbunden.

Begleitend kann es zu einem plötzlichen stärkeren Haarausfall, starkem weiß-schaumigem Speichelfluss und zur Schuppenbildung kommen. Dies sind Anzeichen von massivem Stress.

Ein weiterer Parameter ist eine erhöhte **Aktivität**. Manche Hunde reagieren auf Stressfaktoren mit einem stärkeren Bewegungsdrang. Sie beginnen hin und her zu laufen, stärker an der Leine zu ziehen. Eventuell haben diese Hunde auch ein größeres Bedürfnis, an Dingen zu kauen. Sie tragen Spielzeug herum und nagen daran. Dieses Verhalten wird selten mit Stress in Verbindung gebracht, sondern eher mit einem größeren Bedürfnis nach Bewegung und damit verbundener Langeweile. Diese Interpretation kann jedoch falsch sein und zu einer falschen Einschätzung der Situation mit dem Hund führen. Hierzu ist es jedoch wieder wichtig, den Hundetypus zu berücksichtigen!

Ein grundsätzlich guter Ansatzpunkt ist, dass je mehr und heftiger ein Verhalten gezeigt wird, desto höher die Erregung und stärker die Emotionen sind, die daran beteiligt sind.

Es gibt jedoch auch Hunde, die sich in Stresssituationen in sich selbst zurückziehen.

Gerade bei dem als zurückhaltend-reaktiv bezeichneten B-Typ, der oft wie ein Bedenkenträger wirken kann, ist dies geradezu ein Definitionsmerkmal. Er reduziert seine Verhaltenspalette auf ein Minimum. Am eindrucksvollsten ist das festzustellen, wenn sich ein Hund unter eine Bank oder ein Bett flüchtet und von dort nicht mehr wegzubekommen ist. Es gibt in diesem Typus jedoch Abstufungen, bei denen für viele Halter nicht so leicht zu erkennen ist, dass es sich um eine Verhaltensreduktion aus einem Stressempfinden heraus handelt. Etwa Hunde, die bei Spaziergängen in unmittelbarer Nähe Knallkörper hören und keinerlei Reaktion zeigen, sondern mit stoischer Ruhe weitergehen. Bei diesen Hunden sollte der Hundehalter seine Aufmerksamkeit unbedingt auf andere Signale richten, denn oft kann es sein, dass es sich keinesfalls um eine stoische Ruhe handelt. Ein Blick auf die **Pupillen** des Hundes kann Hinweise geben. Sind diese vergrößert, hat der Hund Stress. Zeigt er erhöhten **Speichelfluss** sowie weißlichen und dicker werdenden Speichel, hat er ebenso Stress. Aber auch die schon beschriebene Körperspannung kann Aufschluss geben.

Zeigt ein Hund keine oder wenig Reaktion in Situationen, von denen man annehmen könnte, dass sie ihn lustig, aktiv oder übermütig, aber auch überdreht oder ängstlich stimmen, lohnt sich ein genaueres Hinsehen und sich im Lesen der Signale des Hundes zu schulen.

Es ist nicht immer leicht, jede Situation mit dem eigenen Hund richtig einzuschätzen. Wer sich jedoch Mühe gibt und sich im Erkennen der Signale seines Hundes übt, wird als Hundehalter belohnt, denn das Zusammenspiel im Team mit dem eigenen Hund wird von Harmonie und Vertrauen gespickt sein.

MIT ALLEN SINNEN
voll dabei

In einer Wiese gibt es nicht nur gut riechende Blumen für den Hund zu erkunden. Er lernt auch, wie sich verschiedene Gräser anfühlen. Dadurch wird der Tastsinn des Hundes gefördert.

ARTGERECHTES MAß AN HUNDEBESCHÄFTIGUNG

Wie bereits in Kapitel 3 »Qualitätszeit« (siehe Seite 67 ff) beschrieben wurde, sollte darauf geachtet werden, dass Beschäftigungen für Hunde sinnvoll ausgewählt und durch sie möglichst alle Funktionskreise des Hundes angesprochen werden. Ein schwieriges Unterfangen – fast schon eine eigene Wissenschaft und somit auch der Grund, dass sehr viele Hundehalter mit dieser Aufgabe überfordert sind und die vom Handel angebotenen Beschäftigungsmaterialien kaufen. Diese sind aber oft unpassend und nicht individuell auf den Hund abgestimmt.

Wenn Sie jedoch bedenken, dass Hunde mit allen ihren Sinnen kommunizieren und einige dieser Sinne viel besser ausgebildet sind als die des Menschen, entsteht bereits ein Ansatz, an den Sie anknüpfen können.

Die schon angesprochenen »Enrichment-Programme« in der Zootierhaltung werden in sechs Bereiche eingeteilt:

> Sensorische Stimuli (siehe Seite 105)
> Futter Stimuli (siehe Seite 111)
> Manipulative Stimuli (siehe Seite 117)
> Umwelt (Habitat) Stimuli (siehe Seite 117)
> Soziale Stimuli (siehe Seite 118)
> Training

Diese Stimuli können dazu beitragen, neue Impulse beziehungsweise Reize zu setzen. Sie sind nicht nur für Zootiere oder eine spezielle Tierart anzuwenden, sondern für Tiere generell. Wenn der Hundehalter nun überlegt, wie er seinen Hund sinnvoll beschäftigen kann, sollte er jeden einzelnen Beschäftigungsbereich genauer betrachten, um so ein besseres Verständnis für die Funktionalität dahinter zu bekommen.

SENSORISCHE STIMULI

Hier wirkt ein Reiz auf die Sinneszellen oder Sinnesorgane eines Organismus und wird über sensible oder sensorische Nerven weiter zum Zentralnervensystem geleitet. Dort wird der Reiz verarbeitet und es entstehen Empfindungen und Sinneseindrücke. Die dadurch resultierenden Wahrnehmungen bilden sich durch die Verknüpfung der Sinneseindrücke mit den Erfahrungen des jeweiligen Lebewesens.

Seh-, Geruchs-, Hör-, Tast- und Geschmackssinn gehören zu den sensorischen Stimuli.

Der Sehsinn des Hundes: Jahrelang ging die Wissenschaft davon aus, dass Hunde nur in Graustufen sehen können. Inzwischen wurde durch aktuelle Studien festgestellt, dass Hunde sehr wohl Farben sehen können, allerdings nicht in gleicher Weise wie Menschen. Die Farbe Rot, wie sie vom Mensch wahrgenommen wird, ist ein anderes Rot als das vom Hund gesehene. Der Grund dafür liegt in der verschiedenen Aufteilung der Zapfen und Stäbchen im Auge, den zuständigen Lichtrezeptoren. Die Zapfen sind für das Sehen der Farben zuständig und beim Hund nicht sehr zahlreich vorhanden. Außerdem verfügen Hunde nur über zwei unterschiedliche Zapfentypen, wodurch lediglich ein Teil des Farbspektrums abgedeckt wird. Die Zapfen für Gelb und Blau sind vorhanden, die für Rot jedoch nicht. Hunde nehmen ihre Umwelt eher im Ultraviolett-Bereich wahr.

Die Stäbchen hingegen sind für das Sehen der Graustufen verantwortlich und beim Hund sehr zahlreich vorhanden. Da die Stäbchen weniger Lichteinfall benötigen, können Hunde in der Dämmerung und im Dunkeln besser sehen als Menschen.

Neu ist die Erkenntnis, dass das Hundeauge ein Sensormolekül besitzt. Die Frage, warum Hunde auf Wetterumschwünge, Unwetter, Naturkatastrophen etc. reagieren können, lässt sich damit beantworten. Sie sind damit in der Lage, Magnetfelder wahrzunehmen und zu sehen. *(Cryptochrome 1 in Retinal Cone Photoreceptors Suggest a Novel Functional Role in Mammals, Scientific Reports 6, Article number: 21848 2016)*

ALLE SINNE

Besonders bedeutsam ist auch, dass sich das Sehsystem der kurz- und langschnauzigen Hunde voneinander unterscheidet. Kurzschnauzige Hunde haben ähnlich wie der Mensch eine Stelle des schärfsten Sehens pro Netzhaut, somit pro Augapfel. Dadurch können sie vermutlich auch dem Menschen ähnlich räumlich sehen. Bei langschnauzigen Hunden handelt es sich um einen Sehbereich, der sich wie ein Band entlang des gesamten Netzhautbereichs legt. Somit ist zwar scharfes Sehen am Horizont möglich, aber vermutlich keine räumlich-dreidimensionale Fokussierung wie beim Menschen. Dieser Unterschied konnte beispielsweise in Versuchen zur Verwertung von Zeigegesten bewiesen werden.

Möglichkeiten, um den Sehsinn des Hundes zu fördern: Farben und Formen sollten in allen Bereichen, die den Hund

MERKE

Wichtig wäre hier auch noch zu erwähnen, dass nicht immer nur dasselbe Spielzeug zur Verfügung gestellt werden sollte, sondern auch in Form und Farbe zu variieren ist. So bietet ein geflochtenes Kau-Seil für Hunde andere Freuden, als lang verwendete Quietsch-Entchen.

betreffen, variieren. Daher sollte zum Beispiel nicht immer ein blauer Ball als Spielzeug angeboten werden, sondern auch einmal ein gelber, dann wiederum ein großer oder ein kleiner Ball. Bemerkenswerterweise generalisieren Hunde auch nach Größe und Oberflächenbeschaffenheit, nicht jedoch nach Form. Ein kleiner Ball ist für sie einem kleinen Würfel also ähnlicher als einem großen Ball. Somit kann ein hundegeeigneter Tennisball etwas Anderes sein als ein großer Plastikball.

Farbvariation kann Hunden auch mit dem klassischen »Hütchen-Spiel« geboten werden. Es werden drei Hütchen, zum Beispiel Plastikblumentöpfe, Plastikbecher etc., verwendet und unter einem wird ein Leckerli versteckt, das der Hund erschnüffeln muss. Diese Hütchen können wunderbar in ihren Farben variieren.

Auch das Futter des Hundes muss nicht immer im gleichfarbigen Napf serviert werden, es eignen sich auch verschiedenfarbige Plastikschüsseln oder Platten, um dem Hund Farbenvielfalt zu bieten.

Eine weitere Möglichkeit mit Farben zu variieren, bietet das Hundebettchen. Das lässt sich sehr einfach durch farbige Decken oder Handtücher etc. umsetzen, aber hier gilt, dass diese Variation nur in geringem Ausmaß durchgeführt werden soll.

Scheut sich der Hund etwa davor, an schillernden Gegenständen vorbeizugehen, kann das folgendermaßen gelöst werden. Man hängt dazu alte CDs an Bändern auf und führt den Hund daran vorbei beziehungsweise lässt ihn in der Nähe spielen. Wenn sich die CDs leicht bewegen, entstehen spannende Lichteffekte, die für viele Hunde sehr interessant sind und ihnen die Angst nehmen können. Keinesfalls sollte dies aber dazu verwendet werden, um Hunde mit den Lichtreflexen am Boden über das Jagdverhalten ermüden zu wollen. So ein antrainierter »Licht-Tick« kann sich relativ schnell etablieren und auch, je nach Hundetypus, zu einer Verhaltensstörung führen. Hierbei besteht auch eine erhebliche Suchtgefahr, ebenso wie bei der bedauerlicherweise immer wieder fälschlich empfohlenen »Beschäftigung« mit Laserpointern.

Der Geruchssinn des Hundes: Der Ruf des »Superschnüfflers« eilt Hunden voraus und das aus gutem Grund. Jener Teil des Gehirns, der für die Verarbeitung der Gerüche verantwortlich ist, ist beim Hund wesentlich größer als etwa beim Menschen. Man konnte anhand wissenschaftlicher Messungen feststellen, dass das Riechvermögen des Hundes eine Million Mal besser ist als das des Menschen. Die Anzahl der Riechzellen im Nasenbereich variiert zwar von Rasse zu Rasse, aber es kann davon ausgegangen werden, dass je länger und größer der Nasenbereich, desto besser das

Auch im eigenen Garten gibt es viele Möglichkeiten, den Tastsinn des Hundes zu fördern. Durch eine Hecke zu gehen bedeutet, dass Äste den Körper streifen und berühren.

Riechvermögen ist. Zudem ist rasseabhängig die Fläche der Riechschleimhaut unterschiedlich. Aber auch Hunde mit kurzer Nase, beispielsweise ein Mops, sind in dieser Fähigkeit erstaunlich gut. Ein Kontakt von Sekunden oder eine minimale Konzentration reichen dem Hund bereits aus, um relevante Informationen aus dem Geruchsmaterial herauszufiltern und zu verarbeiten. Zusätzlich haben Hunde noch ein weiteres Organ am Gaumen, das »Jacobsonsche Organ« (Vomeronasalorgan). Dieses ermöglicht Hunden, auch über den Gaumen Gerüche zu schmecken. Des Weiteren können Hunde ganz gezielt mit dem rechten oder linken Nasenloch riechen und schaffen es, dadurch dass sie pro Minute öfter einatmen, auf diese Weise mehr Geruchspartikel mit Information zu erhalten.

Möglichkeiten, um den Geruchssinn des Hundes zu fördern: Hunde lieben das Schnüffeln sowie Gerüchen zu folgen und sie zu erkunden. Manche Rassen mehr als andere, aber grundsätzlich lieben es alle Hunde. So gibt es bei einem Spaziergang genug Möglichkeiten, immer wieder Neues zu erschnüffeln, aber man kann seinem Hund auch

WICHTIG

Man sollte darauf achten, mit welchem Nasenloch der Hund bei verschiedenen Übungen schnuppert. Je länger er mit dem rechten Nasenloch schnuppert, desto aufregender empfindet er den Duft.

zu Hause neue Eindrücke verschaffen. Sämtliche Schnüffelspiele oder Nasenarbeit in Maßen eignen sich dazu.

Olivenöl oder andere Öle sind in jedem Haushalt vorrätig und in sehr kleinen Mengen können dem Hund damit ganz neue Stimuli geboten werden. Man gibt dazu einen Tropfen auf eine Ecke eines alten Tuches und leget es irgendwo hin. Das reicht aus, um den Hund zum Schnüffeln anzuregen. Man muss dabei aber behutsam vorgehen, denn selbst wenn der Mensch den Duft zu schwach findet, ist er aus Hundesicht meist schon sehr penetrant.

Hunde haben einen großartigen Geruchssinn, den sie auch gerne nutzen. Daher sind gut riechende Pflanzen für Hunde eine willkommene Abwechslung. Im Garten oder auch auf dem kleinen Balkon kann sich durch gezielte Bepflanzung und Gestaltung ein Schnüffelgarten für den Hund entwickeln.
Eine Ecke mit Rindenmulch oder Sand, Holzspänen etc. und Lavendelstauden oder ähnlich stark riechenden Pflanzen ergibt einen tollen Platz zum Schnüffeln. Dinge, die von Bäumen oder Stangen hängen und schwingen, wenn man daran vorbeiläuft, sind ebenfalls großartige Erlebnismodule für Hunde. Diese können zusätzlich mit Futterstücken versehen werden. Auch Haufen mit abgeschnittenen Laubästen oder Laubhaufen bieten unendlich viele Schnüffelmöglichkeiten.

Geschicklichkeitsspiele sind für Hunde eine gute Beschäftigungsmöglichkeit. Viele Hunde brauchen nur ein paar Minuten, um die Lösung zu finden.

Der Hörsinn des Hundes: Dem Hundeohr entgeht kaum etwas. So mancher Hundehalter wird von seinem Hund immer wieder überrascht, wenn er Postboten oder Lieferanten schon Minuten vor deren Eintreffen hört. Grund dafür sind nicht nur die beweglichen Ohrmuscheln, die sich durch zahlreiche Muskeln jeder Geräuschquelle entgegenrichten können, sondern auch der viel größere Frequenzbereich, den Hunde wahrnehmen können. Sie haben eine Frequenzobergrenze und -bandbreite, an die Menschen nicht annähernd herankommen. Dazu kommt auch noch die Fähigkeit, gewisse Geräusche speziell herausfiltern und andere wiederum völlig ausblenden zu können.

Möglichkeiten, um den Hörsinn des Hundes zu fördern: Gewitterangst oder Angst vor Silvesterknallern ist bei Hunden ein oft wiederkehrendes Problem, somit auch für viele Hundehalter ein Thema. Wird mit dem Welpen von Beginn an, aber in Maßen trainiert, viele verschiedene und auch laute Geräusche zu hören, dann hat er im Laufe seines Lebens weniger Stress damit.

Verschiedene Laute oder Alltagsgeräusche können laufend im kleinen Rahmen eingebaut werden, um die Flexibilität des eigenen Hundes zu erhöhen. Warum sollte das gemacht werden? Lebt ein Hund mit nur einer Person zusammen, dann verursacht diese Person in der Regel weniger Geräusche im alltäglichen Leben als eine vierköpfige Familie, auch wenn sich diese bemüht, leise zu sein. Kommt dieser Hund nun in eine Situation mit größerer Geräuschkulisse, weil er jemanden besucht oder er während einer Krankheit oder Reise seines Halters mit jemand anderem zusammenleben muss, kann der Stress für diesen Hund deutlich höher sein, wenn er nicht an eine Geräuschvielfalt gewöhnt wurde.

Im Alltag kann man raschelndes Papier absichtlich immer wieder fest zusammendrücken, bevor man es im Müll entsorgt. Man kann auch Gläser bewusst zum Klirren bringen (ohne dass sie zerspringen!), bevor man sie in den Schrank stellt. Es können auch Gewürzdosen oder Ähnliches absichtlich umgekippt und vom Tisch rollen gelassen werden. Ein Päckchen Tiefkühlerbsen in die Luft werfen und damit Lärm machen, ist eine weitere Möglichkeit, den Hund mit Geräuschen bekannt zu machen. Je flexibler er auf verschiedene Geräusche reagieren kann, desto besser wird er im Alltag zurechtkommen. Es muss auch hier auf Maß und Ziel geachtet werden. Es soll keinesfalls »Geräusch-Flooding« betrieben werden, da das massive Nachteile mit sich bringen kann.

Der Geschmackssinn des Hundes: Waren die Menschen dem Hund bei den vorangegangenen Sinnen immer im Nachteil, ist das beim Geschmackssinn umgekehrt. Dieser ist beim Hund nicht so gut entwickelt, denn er besitzt weniger Geschmacksknospen und die Regionen der Geschmackswahrnehmung sind anders aufgeteilt als beim Menschen. Fleisch schmeckt der Hund zum Beispiel auf der ganzen Zunge.

Möglichkeiten, um den Geschmackssinn des Hundes zu fördern: Bei jeder Mahlzeit immer und immer wieder das gleiche geschmackliche Erlebnis zu haben, ist für uns Menschen unvorstellbar. Dennoch bieten viele Hundehalter ihren Hunden diesbezüglich wenig Variation. Man sollte bezüglich Futterabwandlungen kreativ sein, es kommt dem Hund sehr zugute. Man muss jedoch unbedingt darauf achten, welche Nahrungsmittel für den Hund giftig sind!

FUTTER STIMULI

Futter kann Spaß machen, indem es nicht immer einfach zu erreichen ist. Verschiedene Methoden der Aufmachung von Lebensmitteln sollen Tiere dazu animieren, zu denken und zu arbeiten, um an ihre Nahrung zu gelangen, so wie sie es in freier Wildbahn erleben würden.

Tiere in freier Wildbahn bekommen ihr Fressen nicht im Napf serviert, sondern müssen ihre Beute suchen, jagen, erlegen und können erst dann fressen.

Ein Kong®, der mit weichem/nassem Futter gefüllt ist, eignet sich wunderbar zur Beschäftigung des Hundes. Er benötigt eine Weile, um das Futter wieder herauszuschlecken.

Um Futter oder ein Beutetier zu finden, müssen Hunde ihren Geruchssinn einsetzen. Gelingt es ihnen, einer Duftspur richtig zu folgen, werden sie entweder durch ein Stück Aas belohnt oder sie stöbern ein Beutetier auf, das verfolgt und mit gutem Geschick erlegt werden muss. Danach macht sich der Hund daran, das Tier aufzubrechen und dessen Teile oder das Tier im Ganzen zu fressen. Freilandstudien an verwilderten Hunden haben gezeigt, dass diese selten aktiv große Tiere jagen.

Bei der Jagd werden sämtliche Sinne des Hundes gefordert und gefördert – was beim Vorsetzen eines vollen Futternapfs nicht der Fall ist.

Nun kann und soll der Halter seinen Hund natürlich kein Kaninchen jagen lassen, dennoch sollte er darauf achten, dass bei der Futtergabe mehr Sinne angesprochen werden.

Ein Futternapf ist eine feine Sache, einfach zu handhaben und leicht zu reinigen. Nur leider auf Dauer sehr einfallslos. Abwechslungsreicher wäre es, das Futter in bunten Schüsseln oder, fast abenteuerlich, auf einem Tablett oder einer Servierplatte anzubieten.

Es bietet sich auch an, dass der Hund selbst wählen darf, aus welcher Schüssel er fressen will.

Eine Alternative ist auch ein Pappkarton oder der Fliesenboden. Außerdem kann man Futterstücke in bereitgestelltes seichtes Wasser werfen.

Durch die unterschiedliche Tiefe der Gefäße weicht der Einsatz von Zähnen und Zunge jedes Mal ab und stellt deswegen immer eine neue Herausforderung für den Hund dar. Bei den Untergründen muss aber darauf geachtet werden, dass beispielsweise fressgierige Hunde nicht die Möglichkeit haben, eine zu kleine Plastikschüssel abzuschlucken. Das Futter auch einmal, aber keinesfalls ständig, schwerer erreichbar zu machen, stellt ebenso eine tolle Alternative dar, einen Hund neu zu beschäftigen.
Einfach umzusetzen ist das mit gefüllten Kongs®. Dabei handelt es sich um ein Naturkautschukspielzeug für Hunde, das innen hohl und in verschiedenen Größen sowie Farben erhältlich ist. Kongs® können mit normalem Hundefutter, aber auch mit Streichkäse oder Leberwurst befüllt werden. Der Hund muss sich mit seiner Zunge sehr anstrengen, um das Futter aus dem Hohlraum herauszubekommen. Je klebriger die Substanz, desto schwieriger wird es für ihn. Gefüllte Kongs® können auch im Gefrierschrank aufbewahrt werden und der Hund kann sie als Eis erhalten. Im Internet findet man wunderbare Rezepte für die Kong®-Befüllung, egal, ob fürs Tiefkühlfach oder die Mikrowelle. Es muss unbedingt auf die richtige Größe und Härte der Kongs® für den jeweiligen Hund geachtet werden. Daher sind die Empfehlungen des Herstellers genau zu lesen.

Eine spannende, weil abwechslungsreiche Alternative ist es auch, das Futter einmal als ganzen Fleischbrocken und dann wieder in breiiger Form zu servieren.

Auch beim Kaumaterial sollten Varianten angeboten werden. Immer dieselbe Sorte Rinderlunge oder Ochsenziemer wird auf Dauer langweilig. Abwechslung in Sorte, Größe und Härtegrad sorgt für Freude beim Hund.

Eine tolle Möglichkeit gibt es auch für Hunde, die gerne Gras fressen: Kopfsalat mit einigen Fleischringen oder -stücken gespickt, ergibt einen riesigen Spaß für diese Hunde. Sie können den Salat einfach nur zerpflücken oder aber auch

Teile davon fressen, auf jeden Fall sind sie beschäftigt. Man kann den Salat auch mit anderen Gemüse- und Obstsorten beliebig verfeinern. Auf keinen Fall dürfen aber Avocados dabei sein, diese werden von Hunden nicht vertragen. Gute Erfahrungen wurden mit Melonen gemacht. Es muss unbedingt darauf geachtet werden, was der Hund an Nahrungsmitteln verträgt und fressen darf.

Hat man einen Laib Brot zu viel gekauft und droht er hart zu werden, kann man an seinen Hund denken. Man drückt ein paar stark riechende Leckerlis in den Brotlaib und legt ihn noch ein, zwei Tage zum Trocknen an die Luft. Ist er schön hart geworden, hat man einen großartigen Knabberspaß für seinen Hund entwickelt. Und keine Sorge wegen der Kohlenhydrate, Hunde können diese wunderbar verdauen, sofern sie keine Futtermittelintoleranz auf bestimmte Kohlenhydratquellen haben.

Wie großartig schmeckt das erste Eis bei warmen Temperaturen, wenn es unsere Geschmacksknospen erreicht. Warum sollte Hunden dieses tolle Erlebnis verwehrt bleiben? Die Herstellung von Eisblöcken ist ganz einfach, auch ein kleines Gefrierfach eignet sich dazu. Für die einfache Variante vermischt man Nassfutter und Wasser zu gleichen Teilen, füllt die Mischung in ein Gefäß und friert sie ein. Um sie

In einem Salatkopf lassen sich Leckerlis nicht nur gut verstecken, sondern er eignet sich auch dazu, vom Hund zerpflückt und gefressen zu werden.

Eine weitere Beschäftigungsmöglichkeit bietet ein getrockneter Brotlaib, in den zuvor Leckerlis gesteckt wurden. Ist er hart, kann er dem Hund zum Kauen gegeben werden.

leichter aus der Form lösen zu können, friert man eine kleine Kaustange, die man in die Mitte der Masse steckt und etwas herausstehen lässt, mit ein – fertig ist das Eis am Stiel. Alte Joghurtbecher eignen sich als Form besonders gut, denn sie können zum Herauslösen aufgeschnitten werden. In diesem Fall kann auch auf die Kaustange verzichtet werden. Als Formen für Mini-Eis bieten sich Eiswürfelbehälter hervorragend an – die ideale Eisportion für kleine Hunde.

Oft sind Hunde beim ersten Kontakt mit Eis sehr überrascht und etwas ratlos, was sie damit anfangen sollten. Oft beginnen sie an der Kaustange, falls vorhanden, zu kauen. Fängt das Eis aber zu schmelzen an, merken sie beim Ablecken, dass es sich um etwas Köstliches handelt, vor dem sie sich nicht fürchten müssen.

Die Befürchtungen mancher Hundehalter, dass die Hunde durch das Eis Halsschmerzen oder Durchfall bekommen, konnten in der Praxis nicht bestätigt werden. Natürlich sollte Hunden, die generell zu Halsschmerzen neigen oder die an chronischer Darmentzündung leiden, kein Eis gegeben werden. Allen anderen kann dieser Genuss mit Maß und Ziel an warmen Tagen ermöglicht werden. Man kann seinen Ideen freien Lauf lassen, wenn es darum geht, was man einfriert. Von Joghurt-Hundefutter-Mischungen bis hin zu im Ganzen eingefrorenen Fischen sind der eigenen Kreativität wenig Grenzen gesetzt.

Melonen bieten ausgefallene, aber durchaus spannende Möglichkeiten, dem Hund neue Beschäftigungs-Impulse zu geben. Schneidet man Löcher in ihre Schale und füllt diese mit Leckerlis, hat man eine nette Beschäftigungsmöglichkeit für den Hund. Allerdings sollte man dieses Spiel in den Garten verlegen.

Umgewandelt für den Hund, kann man mit Kindern »Piñatas« aus einer Mehl-Wasser-Mischung und unbedrucktem Papier basteln.

MANIPULATIVE STIMULI

Unter manipulativen Stimuli ist alles zu verstehen, was ein Hund auf irgendeine Weise mit Pfoten, Krallen, Kopf, Maul oder Zähnen manipulieren kann.

Will ein Hund ein Beutetier erlegen, muss er es packen, halten, fixieren und danach zerlegen. Dies sind manipulative Handlungen, deren Fertigkeiten von Jagd zu Jagd verfeinert werden. Der Haushund hat diese Möglichkeit nicht, er kann höchstens sein Spielzeug packen oder seinen Kauknochen festhalten. Alles, was ein Hund zerreißen kann, dient dem manipulativen Stimulus, wie zum Beispiel eine alte Kartonschachtel mit Papierknäueln befüllt, in der dazwischen Leckerlis oder Knabbersachen, wie ein Schweineohr, versteckt werden können. Für den einfachen Beginn kann die Schachtel für den Hund halb offen sein. Je unsicherer ein Hund hierbei vorgeht, desto mehr Hilfestellung muss er bekommen, damit er an diesen Beschäftigungen Spaß entwickelt.
Hat der Hund verstanden, dass diese Schachtel Spaß bedeutet, kann man es ihm schwieriger machen, indem man die Schachtel verschließt. Dann muss er schon mehr Kraft oder Raffinesse anwenden, um an die Leckerlis zu gelangen. Besonders schwer kann man es ihm machen, indem man die Schachtel verklebt. Dabei sollte aber unbedingt auf künstliche Klebstoffe verzichtet und stattdessen Honig oder Marmelade verwendet werden.

Eine in der Herstellung etwas aufwendigere Beschäftigungsmöglichkeit ist eine so genannte »Piñata«. Dabei handelt es sich um eine Kugel aus Pappmaschee, die mit Leckerlis gefüllt wird und die in diesem Fall auch ohne künstlichen Klebstoff ganz einfach herzustellen ist. Man taucht dazu Papierstreifen in eine zähflüssige Mischung aus Mehl und Wasser und klebt die Streifen damit auf einen aufgeblasenen Luftballon, in den man zuvor noch die Leckerlis gesteckt hat.

Besser geeignet ist unbedrucktes dünnes Papier, wie zum Beispiel Seidenpapier. Der Luftballon sollte komplett mit Papier bedeckt sein Je mehr Schichten verklebt sind, desto fester wird die Kugel, die man danach zum Trocknen aufhängt. Sobald das Papier trocken und hart ist, muss der Luftballon zerstochen und herausgenommen werden. Dann ist die Piñata fertig.

Eine Piñata kann auch als olfaktorische (Geruchs-Stimulus) Beschäftigung verwendet werden, wenn ein paar Tropfen Oliven- oder Lavendelöl auf sie getröpfelt oder vor dem Trocknen einige Küchenkräuter auf das Papier gestreut werden. Sie kann auch mit Heu gefüllt werden. Die Hunde können mit diesem außergewöhnlichen Ball spielen und ihn beschnüffeln, aber auch zerlegen, wenn sie das möchten.

UMWELT STIMULI

Ein Leben in freier Natur konfrontiert alle Lebewesen mit sich ständig verändernden Lebensbedingungen. Kein Umweltbereich bleibt Tag für Tag gleich. Schon Temperaturen und Gerüche variieren mehrmals täglich. Ebenso verändern sich Feuchtigkeits- und Windbedingungen. Das sind nur vier Parameter der Umwelt, die sich täglich verändern und allen Lebewesen ein Mindestmaß an Anpassung abverlangen.

Veränderte Umweltbedingungen können auch bereichern.

Hunde, die in Haushalten leben, müssen lernen mit diesen Umweltveränderungen nur während der Spaziergänge umzugehen, ansonsten haben sie gleichbleibende Bedingungen in den Wohnbereichen. Den Lebensraum zu verbessern, bedeutet das Verändern oder Hinzufügen von Faktoren, um die Komplexität der Umwelt für die Hunde zu erweitern.

Tierheimmitarbeiter sind oft damit konfrontiert, dass Hunde in kahlen Zwingern leben müssen. Es ist ganz verständlich, dass versucht wird, den Bereich der Hunde mit Decken, Hundebetten, Matratzen oder alten Sofas zu verbessern, die, wenn sie schmutzig sind oder zerstört werden, einfach ausgetauscht werden. Die Tierheimmitarbeiter müssen dabei oft sehr kreativ sein, besonders bei Hunden, die alles zerstören. Dann kommen Polsterüberzüge oder große Pappkartonschachteln, die mit Heu oder Stroh gefüllt werden, zum Einsatz, um den Hunden das Schlafen auf kahlen, kalten Böden zu ersparen. Und da die Zwinger täglich gereinigt werden, wird die Umwelt der Tierheimhunde zumindest etwas verändert.

Aber wie sieht das bei unseren Haushunden aus, gibt es da auch Veränderungen? Viele Hunde haben ein Hundebett, das bei Verschmutzung gewaschen wird und alle paar Jahre eventuell durch ein Neues ersetzt wird.

Manche Halter haben einen Hund, der neugierig den Haufen abgezogener Bettwäsche inspiziert und sich vielleicht auch draufsetzt oder -legt, wenn die Wäsche nicht gleich weggeräumt wird, oder den neu aufgelegten Teppich gleich für sich in Anspruch nimmt.

Einige Hunde zeigen ihrem Halter oft schon durch ihr neugieriges Wesen, dass neue Dinge spannend sind und es sich lohnt, sie zu inspizieren. Viele Halter ignorieren diese kleinen Fingerzeige bedauerlicherweise und belohnen ihre Hunde nicht, da sich ihre Vorstellungen von einem geordneten und sauberen Heim nicht mit den Bedürfnissen der Hunde decken. Obwohl es ja gar nicht so unsauber oder unordentlich sein muss, um dem Hund eine Freude zu machen. Es kann einmal beobachtet werden, was passiert, wenn man die gebrauchte Bettwäsche auf den Liegeplatz des Hundes legt. Oder es kann ausprobiert werden, was der Hund zu einem mit Heu gefüllten Kissenbezug als neue Liegefläche sagt. Man sollte überlegen, was man seinem Hund als Alternative zu Altbekanntem anbieten könnte, er wird es einem mit Neugierde danken.

Man kennt das. Der Hund hat jede Menge Spielsachen, die alle herumliegen, und keines davon interessiert ihn. Kauft man ihm ein Neues, ist es einige Tage lang spannend und dann liegt es unbeachtet bei den anderen Spielsachen. Diesem Desinteresse kann ganz leicht entgegengesteuert werden. Man stellt seinem Hund nicht immer all seine Spielsachen zur Verfügung. Bis auf zwei Stück werden alle weggeräumt, nach drei bis vier Tagen werden die zwei Spielzeuge mit zwei von den Weggeräumten ausgetauscht. So wird jedes Spielzeug immer wieder von Neuem interessant und es kommt keine Langeweile auf.

SOZIALE STIMULI

Den sozialen Stimulus zu aktivieren, bedeutet, den Hund mit anderen Tieren interagieren zu lassen. Die sozialen

Hunde brauchen nicht nur Menschen, um ausgeglichen und glücklich zu sein, sondern auch guten und positiven Kontakt zu Artgenossen.

Fähigkeiten von Hunden zu fördern, bedeutet nicht, ihnen nur den Kontakt zu anderen Hunden zu ermöglichen. Lernen Hunde möglichst von klein an auch mit anderen Tierarten in Kontakt zu treten, wird in Folge jedes Zusammentreffen stressfrei und positiver ablaufen.

Bei der Interaktion mit verschiedenen Tierarten muss jedoch unbedingt beachtet werden, dass auch die anderen Tiere diesen Kontakt stressfrei genießen können. Außerdem muss auf die rassebedingten Vorlieben geachtet werden. Ein trainierter Jagdhund wird mit keinem Kaninchen in Kontakt treten können, ohne dass seine Jagdmotivation möglicherweise zum Vorschein kommt. Bei einer langsamen Schildkröte wird das wieder anders aussehen. Es muss auch nicht jeder Hund alle anderen Tierarten kennenlernen, aber auch hier gilt – lernt der Hund, dass die Welt voll von verschiedenartigen Lebewesen ist, wird er bei einem überraschenden Zusammentreffen nicht in Panik verfallen, sondern mit Neugierde reagieren.

Es sollte nicht vergessen werden, dass auch der Mensch als Sozialpartner dazuzählt. Nach Absprache sollte man es zulassen, dass der Hund positive Erfahrungen mit verschiedenen Menschen macht.

Es sollte überprüft werden, welche Beschäftigungsmöglichkeiten man gerne mit Maß und Ziel für den Hund einsetzen möchte.

HUNDSTAGE

Indoor-Spiele mit dem Hund

An regnerischen Tagen und bei kaltem, stürmischem Wind wird das Spazierengehen mit dem Hund manchmal zur echten Herausforderung für den Halter. Aber nicht nur wir Menschen würden uns an solchen Tagen gerne einfach nur in eine kuschelige Decke hüllen und es gemütlich haben. Daher ist das schlechte Gewissen mancher Hundehalter dem Hund gegenüber oft unbegründet, denn auch Vierbeiner brauchen ihre Erholung und wollen die ständige Beschäftigung oft gar nicht. Deshalb sollte man die Ruhetage mit seinem Hund zur Erholung, zum gemeinsamen Kuscheln, wenn es von beiden Seiten gewünscht ist, und zum Energietanken nutzen.

Wer erfinderisch ist, kann bei schlechtem Wetter auf spannende Indoor-Beschäftigungen zurückgreifen. Dabei sollte man jedoch beachten, dass mit den Beschäftigungsformen immer der Hund und seine Persönlichkeit sinnvoll unterstützt und so das Zusammenleben bereichert wird. Sollte sich der Hund im Laufe der Beschäftigung »hochfahren«, das heißt, seine Erregungslage enorm ansteigen, handelt es sich um keine gute Beschäftigung. Er soll danach keinesfalls so gestresst sein, dass er vor Erschöpfung schläft oder gar nicht mehr zur Ruhe kommt. Es handelt sich vielmehr dann um eine wertvolle Beschäftigung, wenn sich der Hund ihr mit natürlicher Aufmerksamkeit widmen kann und danach ganz entspannt und zufrieden einschläft.

Besonders zu beachten ist in diesem Zusammenhang, dass gerade bei sehr hochmotivierten »Workaholic-Rassen« die Kombination aus Schnüffelarbeit und aktiver Muskelbewegung, wie beispielsweise etwa beim Auspacken von Beschäftigungsmöglichkeiten, Dopamin- und damit Suchtpotenzial hat.

WAS IST EIN INDOOR-BESCHÄFTIGUNGS-PARCOURS?

Das hört sich vielversprechend an, dabei benötigt man für seine Gestaltung gar nicht viel. Man füllt einen haushaltsüblichen Wäschekorb oder Plastiktrog mit alten Handtüchern oder Bettlaken und versteckt dazwischen Leckerlis oder Kausachen. Das ist ganz besonders für Hunde geeignet, die auch im Freien gerne graben oder in Laubhaufen wühlen. Für Abwechslung sorgt dabei eine andere Füllung des Korbes, wie etwa mit Zeitungspapier oder Resten von Geschenkpapier, was sich gerade nach Geburtstagsfesten oder Weihnachten anbietet. Aber auch gesammelte Zapfen oder Kastanien sorgen für eine höchst willkommene Variante, vorausgesetzt der Hund fühlt sich dabei wohl und versucht nicht aus Gier oder Stress Teile zu fressen. Ist dies der Fall, eignet sich diese Art der Beschäftigung nicht für ihn und es

Haushaltsdinge (Wäschekorb) und Abfallprodukte (alte Zeitungen) ergeben eine tolle Variante, Hunden auch bei Regenwetter Abwechslung zu bieten.

Herunterhängende Gegenstände, durch die es durchzugehen gilt, sind für viele Hunde eine echte Herausforderung.

muss eine andere der vielen Indoor-Alternativen gewählt werden.

Eine weitere, einfach zu bauende Parcours-Einheit besteht aus zwei Stühlen, die man nebeneinander stellt und darauf parallel zwei Besenstiele legt. An den Stielen befestigt man mit Bindfäden Tannenzapfen, die bei einem Spaziergang gesammelt wurden. Es eignen sich aber auch Löffel oder Schöpfkellen, in weiterer Folge auch schmale Tuchstreifen, die schwingen und den Hundekörper beim Durchgehen streifen.

Aus diesen Gegenständen bildet man einen kleinen hängenden Wald und streut darunter einige Leckerlis. Um diese zu erreichen, muss der Hund durch den hängenden Wald hindurch, wobei man die Fäden anfangs so kurz bindet, dass die Zapfen, Löffel etc. den Hund nur ganz leicht berühren. Damit ist der Schwierigkeitsgrad zu Beginn noch gering. Erst wenn der Hund damit Erfahrung hat, können diese Gegenstände auch weiter unten hängen, sodass er lernt, die Berührungen beim Durchgehen stärker zu spüren.

Manchen Hunden macht es gar nichts aus, in einen Busch zu laufen oder sich durch eine enge Hecke zu drücken. Für andere fühlt sich das wiederum unangenehm an und es muss erst nach und nach erlernt werden. Der hängende Wald kann für beide Hundetypen eine spannende Abwechslung sein. Für jene, die sich gerne durch Büsche zwängen, sind die verschiedenen Gegenstände eine willkommene Alternative. Für die anderen Hunde stellt es eine gezielte Anleitung durch gutes Training dar und zeigt ihnen, dass es für sie nicht schlimm ist, einmal etwas über den Körper streichen zu lassen.

Auch leere Rollen von Küchenpapier oder Toilettenpapier eignen sich bestens, um daraus tolle Beschäftigungsmöglichkeiten zu gestalten. Man füllt sie mit Leckerlis und knickt die Enden um oder stopft sie mit Papier zu. Schon ist ein spannendes Objekt entstanden, das der Hund zerlegen muss, um an die gewünschten Leckereien zu gelangen.

Mehrere leere Rollen in einem Wäschekorb eignen sich wieder besonders gut, um den Hund darin etwas suchen zu lassen.

Eine schwierigere Variante, die sich besonders gut für kleinere Hund mit zarten Pfötchen eignet, ist auch schnell gebastelt. Dazu benötigt man einen leeren Schuhkarton, in den man leere Toilettenpapierrollen stellt. Die Rollen sollten eng stehen, so dass sie sich gegenseitig Halt geben und nicht gleich aus dem Karton fallen, auch wenn dieser kippt. Nun streut man einige Leckerlis in die Rollen, stellt den Karton auf und befestigt ihn eventuell, damit er beim Bearbeiten nicht umfällt. Jetzt kann der Hund bei der Suche nach den Leckerlis in diesen »Röllchen-Wald hineinpföteln« und sein Geschick erproben.

Gibt es mehrere Haustiere, vielleicht auch Katzen, im Haus, könnte es sein, dass auch sie schnell Gefallen an dieser Beschäftigungsmöglichkeit finden und begeistert mitmachen. In diesem Fall ist unbedingt darauf zu achten, dass jedes Tier genügend Zeit und Möglichkeit hat, die Beschäftigungsform auch einzeln zu nutzen, und zum Erfolg zu kommen.

Der Handel bietet eine Vielzahl von Beschäftigungsmöglichkeiten an. So können etwa Leckerchen in Bällen oder anderen Formen, wie Kegeln, Reifen etc., versteckt werden. Es ist aber unbedingt zu beachten, dass diese Art der Beschäftigung den Hund dazu bringt, sich zu bewegen. Das heißt, er muss etwas tun, um an die Leckerlis zu kommen. Diese Beschäftigungsformen sind unter anderem für das Alleinbleib-Training ungeeignet, denn in diesem Fall ist es ja gerade erwünscht, dass der Hund zur Ruhe kommt und in der Wohnung nicht dem Ball nachhetzt. Dafür ist eine Kausache die optimale Wahl, denn damit kann sich der Hund in Ruhe hinlegen.

Eine schnelle Beschäftigungsmöglichkeit mit Alltagsgegenständen – mit Bällen und der Muffinform lässt sich prima spielen.

Die meisten Vierbeiner lieben auch hier die Abwechslung und freuen sich über wechselnde Kausachen.

Selbst mit einer Muffin-Backform kann man dem Hund eine Freude bereiten. Dazu legt man Leckerlis in die Vertiefungen der Form und deckt sie jeweils mit einem kleinen Ball ab. Aufgabe des Hundes ist es nun, die Bälle aus den Vertiefungen zu heben oder mit der Nase herunterzustupsen, um an die Leckerlis zu kommen. Dieser Aufbau eignet sich auch bestens zur Geruchsdifferenzierung, also zum Aufsuchen und Anzeigen eines vorher festgelegten und erlernten Geruchs.

Im Allgemeinen sind Küchenutensilien hervorragend geeignet, um Beschäftigungsmöglichkeiten zu gestalten. Aber natürlich muss man darauf achten, dass man in seinem Erfindungsreichtum nicht über das Ziel hinausschießt und

Gegenstände verwendet, an denen sich der Hund verletzen könnte. Beste Eigenschaften weisen zum Beispiel Nudelsiebe auf. Sie können gefahrlos für den Hund verwendet werden und bieten zahlreiche Möglichkeiten. So eignen sich etwa mehrere Nudelsiebe besonders gut für die Abwandlung des Hütchen-Spiels (siehe Bilder auf dieser Seite). Gerüche lassen sich durch die Löcher hervorragend erschnüffeln und so ist das Nudelsieb auch ein perfekter Einstieg für einen Anfängerhund, der im Erschnüffeln von verdeckten Gegenständen noch ungeübt ist. Je mehr Erfahrung der Hund in dieser Beschäftigung hat und je geschickter er wird, desto mehr kann auch der Schwierigkeitsgrad gesteigert werden. Statt der Nudelsiebe kann man zum Beispiel Töpfe zum Abdecken verwenden. Man sollte stets darauf achten, dass der Schwierigkeitsgrad dem Können und Geschick des Hundes angepasst ist, damit Frustration und Stress unbedingt vermieden werden.

Auch mit leeren PET-Flaschen lässt sich ganz leicht ein wunderbares Geschicklichkeitsspiel für den Hund basteln. Man macht in der Mitte der Flasche an gegenüberliegenden Stellen zwei Löcher und schiebt eine Stange oder einen dünnen Ast hindurch. Die Flasche ist so aufgespießt und kann sich um die eigene Achse drehen. Man gibt ein Leckerli in die Flasche und lässt den Hund eine Lösung finden, um an das

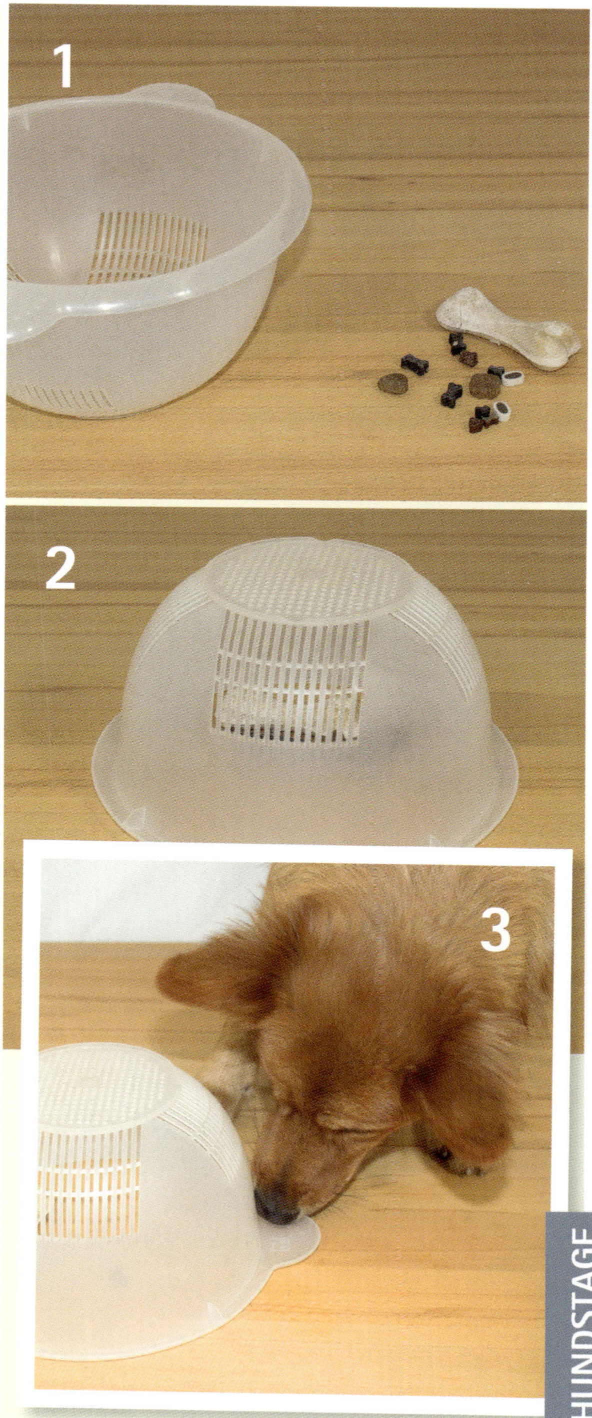

Ein Nudelsieb und ein paar Leckereien, mehr braucht es nicht, um verschiedenste Reize des Hundes anzusprechen.

Leckerli zu kommen. Die Flasche kann auch zwischen zwei nebeneinanderstehenden Sesseln fixiert werden, so bekommt der Hund genug Zeit zur Lösungsfindung. Bei dieser Beschäftigungsvariante muss man aufgrund der Komplexität besonders große Sorgfalt walten lassen, dass der Hund nicht in Frustration gerät. Das Leckerli aus der sich drehenden Flasche zu bekommen, ist schwierig und für manchen Hund kann das Auslöser sein, in eine besonders hohe Erregung zu verfallen. Die Öffnung der PET-Flaschen kann je nach Übungsgrad größer aufgeschnitten werden, sodass das Leckerli zu Beginn sehr leicht rausfällt. Der Schwierigkeitsgrad hängt mit der Höhe der PET Flasche und der Weite des Flaschenhalses zusammen. Wird der Hund bei der Lösungsfindung immer hektischer und nimmt er von der Umwelt ringsherum gar nichts mehr wahr, beziehungsweise ist er nur mehr ekstatisch auf diese PET-Flasche fixiert, muss diese Beschäftigung sofort abgebrochen werden. Eine andere Möglichkeit, den Hund suchen zu lassen, ist in diesem Fall die bessere. Wichtig ist jedoch, dass der Hund positiv aus dieser Situation geführt wird. Das heißt, wenn man das »Spiel« abbricht, weil der Hund hektisch wird, entsteht für ihn ein Misserfolg. Daher sollte man ihn zum Beispiel mit einer Kaustange aus der Situation herausrufen. Dieses Herausrufen und Von-der-Flasche-Abwenden bedeutet für den Hund etwas Tolles. Ist der Hund gar nicht mehr ansprechbar, hilft es oft, das Leckerchen direkt vor die Hundenase zu halten, um ihn so mittels Geruch aus der Situation herauszulocken. Der Halter sollte sich aber bewusst sein, dass wenn diese Situation so weit fortgeschritten ist, er sich unbedingt im »Lesen« seines Hundes schulen muss, sodass er ihn in Zukunft nicht wiederholt in derartige Situationen führt.

Der bereits in Kapitel 2 – Rituale (siehe Seite 50 ff) – erwähnte Schnüffelteppich bietet ebenso tolle Möglichkeiten. Dazu knüpft man aus einer alten Lochbadezimmermatte und vielen langen Filzstreifen mit etwas bastlerischem Geschick einen attraktiven Schnüffelteppich. In den langen Filzstreifen können Leckerlis oder kleine Spielzeuge versteckt werden, die der Hund erschnüffeln und finden soll. Die Größe des Teppichs kann nach den eigenen Bedürfnissen gewählt werden und man kann ihn überall hinlegen, wo man ihn haben möchte. So kann schon das angeleitete Finden des Teppichs in einem anderen Raum eine geschätzte Suchaufgabe für den Hund sein. Daher sollte der Schnüffelteppich dem Hund auch nicht permanent zur Verfügung stehen.

Manche Hunde lieben es, an Grashalmen zu knabbern. Daher bietet sich der Anbau von Katzengras nicht nur für Katzenbesitzer, sondern durchaus auch

Ein Schnüffelteppich aus Filzstreifen, in den man Leckerlis verstecken kann, ist einfach in der Handhabung und effizient.

für Hundebesitzer an, die ihren Vierbeinern Abwechslung gönnen und etwas Gutes tun wollen. Es muss nicht gewartet werden, bis das Gras lang gewachsen ist, denn für den Hund kann es sehr spannend sein, bereits einen kleinen keimenden Trieb herauszuzupfen. Für den Anbau muss nicht immer ein Blumentopf verwendet werden, auch ein alter Kübel oder ein niedriges Gefäß, wie eine Grillschale aus Aluminium, erweisen gute Dienste. Und bereits das Entdecken eines außergewöhnlichen Gefäßes, es zu betreten und zu untersuchen, kann ein zusätzlicher Anreiz für den Hund sein. Bei diesem Angebot muss dem Halter bewusst sein, dass auch Erde in seinem Zuhause verstreut werden kann, daher muss er sich bereits im Vorfeld überlegen, ob er mit dieser Unordnung und dem Schmutz gut leben kann oder ob es ihn stresst.

Je nach Platzangebot und Konzentrationsfähigkeit können Hunden auch im Innenbereich passende Beschäftigungsmöglichkeiten angeboten werden. Sie eignen sich auch, um die Grundkommandos mit dem Hund ganz kurz und einfach zu verbessern oder abzufragen.

Die »Meister unter den Hunden« lernen zu warten, bis der Halter den Parcours fertig aufgebaut hat, und erst nach dem Startsignal beginnen sie die Aktivität. Er sollte sich selbst immer daran erinnern, dass sich das Warten für den Hund lohnen muss und dies Stück für Stück mit ihm zu erarbeiten ist.

Als Besonderheit kann auch mal der Untergrund »gewechselt« werden. Sehr geeignet dafür ist ein schmaler Bereich wie ein Vorraum. Man rollt dafür Alufolie, Backpapier, Gummimatten oder Ähnliches auf und fixiert diese Dinge mit einem Klebeband auf dem Untergrund. Dieser Bereich könnte auch mit großen Kisten verstellt sein, sodass sich der Hund immer durch enge Bereiche bewegen und sich auch mehr nach rechts und links dehnen muss. Der Phantasie sind keine Grenzen gesetzt, sofern die Aktivitäten der geistigen und körperlichen Verfassung des Hundes entsprechen und er Freude daran hat. Diese Parcours sollten durchaus länger aufgebaut bleiben, um den Hund daran zu gewöhnen. Wird ein besonderer Untergrund über eine ganze Woche permanent präsentiert, geht es nicht darum, den Hund mit Leckerlis zum Betreten zu überzeugen, sondern ihm ein selbstverständliches und souveränes Verhalten im Alltag zu zeigen, und wie gewöhnlich es ist, diese Neuheit zu betreten.

Aufgrund der Wichtigkeit muss an dieser Stelle betont werden, dass der Hund bei allen Aktivitäten genauestens auf eine mögliche Überforderung und Stressanzeichen hin beobachtet werden muss. Das gesamte Aktivitätsbudget muss dabei bedacht werden. Alle diese

Tätigkeiten PLUS die Gesamtzeit des normalen Fressens von Standardfutter aus dem Napf und etwaiger Leckerlis zwischendurch aus anderen Gründen, sollten pro Tag DEUTLICH weniger als siebzig bis achtzig Minuten einnehmen. Auch auf die Linie des Hundes muss geachtet werden. Alle so erarbeiteten Leckerlis und Kausachen sollten von der gesamten Tagesration abgezogen beziehungsweise eingerechnet werden.

ENRICHMENT TIMETABLE

Viele Ideen zu bekommen, wie man den Hund sinnvoll beschäftigen kann, ist der erste Schritt. Welche Ideen sich umsetzen lassen, um den eigenen Hund auch nicht zu überfordern, ist der nächste Schritt.

Um den Überblick zu bewahren, empfiehlt es sich, eine Liste aller guten Ideen zu erstellen und sie nach Kategorien zu unterteilen. Je nach Vorlieben von Mensch und Hund werden einige Kategorien besser gefüllt sein als andere und manche sogar im Laufe der Zeit ganz wegfallen.

Es ist besonders hilfreich, die Ideen auszuprobieren und danach zu notieren, was bei einem selbst und dem Hund besonders gut angekommen ist und was nicht gefallen hat.

Mit diesem Wissen kann ein Wochenplan erstellt werden, in dem Aktivitäten, die man bereits jetzt mit seinem Hund unternimmt, ihren Platz finden. Darin kann man auch die gemeinsamen Ruhetage einplanen und zu guter Letzt auch, welche Beschäftigungsidee man zu welchem Zeitpunkt umsetzen möchte.

Gute Planung und ein Repertoire aus vielen tollen Ideen sind eine hervorragende Basis, aber dennoch sollte die Spontaneität nicht verloren gehen. Und dazu gehört auch mal, an einem regnerisch-kalten Tag gar nichts zu tun und mit dem vierbeinigen Freund zu kuscheln! Was gibt es Schöneres ...

WICHTIG

Bezogen auf den Hund, darf nicht zu viel unternommen werden. Es sollten immer unterschiedliche Stimuli (vgl. Kapitel 6: »Mit allen Sinnen voll dabei« – Seite 103 ff) aktiviert werden.

Gemeinsamer Spaß im Freien

OUTDOOR-MÖGLICHKEITEN

Spaziergänge sollten für Hunde (je nach Individuum) abwechslungsreich sein. Es gibt viele Ideen, die sich dabei umsetzen lassen.

Die täglichen Spaziergänge sind für viele Hundehalter und auch Hunde langweilig, da die immerwährende Routine weder Neues noch Spannendes zulässt. Oft bietet sich keine neue Runde mehr an und alle Möglichkeiten im unmittelbaren Umkreis sind ausgeschöpft. Was dann? Vielfach hilft es, sich mit anderen Hundehaltern auszutauschen, um so auf neue Gedanken und Ideen zu kommen. Hunde gehen nämlich, entgegen vieler Trainer-Aussagen, durchaus spazieren. Gut zu beobachten ist das in Filmaufnahmen von Straßenhunden, die regelrecht durchs Revier schlendern.

Für Hunde, die beim Verlassen des Hauses eher beunruhigt sind und auf Veränderungen unsicher reagieren beziehungsweise in hohe Erregung verfallen, sind Spaziergänge mit immerwährender Routine aber genau das Richtige. Sie finden im gleichförmigen, unveränderten Ablauf Sicherheit und fühlen sich dadurch wohler als mit ständig geänderten Spazierrouten.

Bei einem neugierigen und entdeckungsfreudigen Hund wird die tägliche Routine allerdings dazu führen, dass er sich langweilt, sofern er nicht durch Hundesport oder Beschäftigung gefordert ist.

Doch auch beim Spazierengehen können mit ein wenig Kreativität und Aufmerksamkeit aus vielen Dingen tolle Beschäftigungsmöglichkeiten für den Hund entwickelt werden. Jeder Hundehalter soll und muss mit seinem Liebling mindestens einmal am Tag eine längere Runde spazieren gehen. Meistens wird eine Runde gewählt, auf welcher der Hund Wiesen oder Grünflächen vorfindet. Diese Zeit sollte man wirklich sich und seinem Hund widmen und dafür nutzen, einen eventuell stressigen und schnelllebigen Alltag hinter sich zu lassen. Das gemeinsame Erlebnis mit seinem Hund, die Bewegung und die frische Luft sollte man als wertvolle und exklusive Zeit wahrnehmen und daher vermeiden, in gewohnte Muster zu verfallen, wie etwa das Nutzen des Handys. Man sollte sich und seinem Hund diese Auszeit gönnen und diese als Gemeinsamkeit erleben. Das erreicht man, wenn man das Handy auf lautlos stellt und auf Ohrstöpsel mit Musik etc. verzichtet. Oder man wählt beispielsweise einen Weg durch den Wald und reduziert ganz bewusst das Tempo. Es geht nicht darum, möglichst schnell von A nach B zu kommen und den Spaziergang einfach zu absolvieren, sondern dass der Hund die Möglichkeit bekommt, überall dort zu schnuppern, wo er gerne möchte – auch wenn das an manch toll riechendem Baum ein paar Minuten dauert. Diese Zeit kann man einfach nutzen, um die Natur zu genießen und die Umwelt genauer zu betrachten. Vermutlich wird man überrascht sein, wie viel es zu entdecken gibt. Es ist wesentlich entspannter, eine längere Runde nicht mit Routine zu absolvieren, sondern sich Zeit nach Belieben zu

Qualitätszeit mit dem eigenen Hund zu verbringen, ist heute in dem Stress des Alltags keine Selbstverständlichkeit mehr.

Durch hohes Gras zu streifen, macht vielen Hunden großen Spaß.

nehmen, in Gedanken zu versinken und daher auch mal spontan umzukehren, wenn man bereits sehr lange unterwegs ist, aber die übliche Runde noch gar nicht beendet ist. Man sollte einfach die gemeinsame Auszeit genießen.

Eine Wiese, die lange nicht gemäht wurde und auf der das Gras sehr hoch steht, eignet sich hervorragend, um den Hund auch körperlich ein wenig zu fordern. Es ist dabei unbedingt darauf zu achten, dass man keine Futterwiesen zertritt, womit Landwirte natürlich keine Freude haben. Je nach Veranlagung wird der Hund seine eigene Strategie zur Überwindung des hohen Grases suchen. Manche Hunde wühlen sich durch das Gras-Dickicht, andere springen wie Kaninchen über die hohen Halme. Egal, welche Methode gewählt wird, beides fördert die Kondition und das Selbstbewusstsein des Hundes, sofern das Verhalten aus eigenen Stücken gezeigt wird. Wenn der Hund an einer kurzen Leine durch das hohe Gras gezwungen wird, erreicht man jedoch genau das Gegenteil. Er wird seinem Halter weniger vertrauen und sein Selbstbewusstsein wird sich nicht vergrößern.

Kleine Hunde sehen diesen riesengroßen »Gras-Dschungel« oft als große Barriere und wenn man sich vorstellt, man hätte ein dichtes Grün vor Augen, das einen selbst weit überragt, ist diese Sorge nicht unverständlich. Das Herangehen an diese Problematik in kleinen Schritten kann sehr hilfreich zur Lösung beitragen. Dazu sucht man sich eine Grünfläche mit etwa zwanzig bis dreißig Zentimeter langen Grashalmen, die nicht allzu üppig gewachsen sind. Diese eignen sich großartig, um etwas darin zu verstecken oder zu verknoten. Die einfachste Möglichkeit besteht darin, im hohen Gras einige Leckerlis zu verstecken. Zur Steigerung des Schwierigkeitsgrades kann es für den Hund ganz spannend sein, Leckerli-Ringe auf einige zusammengenommene Halme aufzufädeln, ohne diese jedoch auszureißen. Der »Ring« kann je nach Schwierigkeitsgrad in jeder beliebigen Höhe verankert werden.

Je tiefer der Ring an den Halmen sitzt, desto schwieriger wird es für den Hund, das Leckerli zu bekommen. Noch interessanter ist es, wenn zwei Grashalmbüschel mit je einem Ring wie bei einer Häkelaufgabe miteinander verknotet werden.

OUTDOOR

Beim Spaziergang gemeinsam kurz ruhen.

Hat der Hund Spaß daran gefunden, sich mit den langen Grashalmen zu beschäftigen, wird beim nächsten Spaziergang der Rand einer hohen Wiese auch kein Problem mehr sein. Schritt für Schritt kann man sich weiterarbeiten, bis der Hund, ob groß oder klein, mit Freude durch die hohe Wiese läuft.

Durch solche Aktivitäten erhöht sich ebenso die kognitive Leistung des Hundes. Wenn man sich EEG-Aufnahmen (Elektroenzephalografie) aus dem Humanbereich ansieht, zeigt die Messung der summierten elektrischen Aktivität des Gehirns, dass bei einer neuen motorischen, aufwendigen Tätigkeit (Koordination) das Gehirn des Menschen sehr beansprucht ist. Erst mit deren Erlernen nimmt die elektrische Aktivität im Gehirn immer mehr ab und beschränkt sich nur auf jene Gehirnbereiche, die wirklich benötigt werden. Daher macht es Sinn, sich selbst und den Hund in der Koordination und Motorik zu schulen und sich auch dessen bewusst zu sein, dass dies anfänglich extrem anstrengend sein kann.

Geht man durch einen Wald, stößt man bestimmt oftmals auf viele heruntergefallene Äste und liegende Baumstämme. Für Besitzer großer Hunde eine willkommene Gelegenheit, diese darüber springen zu lassen. Doch für manche kleinen Hunde sind diese Hindernisse oft unüberwindbar. So stellt sich doch die Frage, warum muss der kleine Hund unbedingt über die Äste und Baumstämme springen? Warum sollte er sich nicht untendurch bewegen? In vielen Hunderassen und deren Mischlingen steckt ein Terrier oder ein anderer sogenannter Bauhund. Diese lieben es, irgendwo hinein- oder durchzuschlüpfen bzw. durchzurobben. Finden sich dazu weder ein Baumstamm noch Äste, eignet sich auch dichtes Gebüsch für diese beliebte Aktivität.

Auf umgefallenen Baumstämmen lässt sich beim Balancieren perfekt die Koordination üben. Sobald es der Hund gut beherrscht und er weiß, dass er Vorder- und Hinterpfoten präzise aufsetzen muss, kann diese Übung sogar noch gesteigert werden, indem man den Hund »Sitz«, »Platz«, »Steh« oder Ähnliches auf dem Stamm üben lässt. Die Muskelleistung auf so engem Raum ist wirklich beachtlich. Es ist empfehlenswert, zuerst auf breiten Baumstämmen zu üben und hier mit unkomplizierten Einheiten, wie dem einfachen und langsamen Gehen am Stamm, zu beginnen und erst mit Erfolg sowie Übung die Stammbreite und Schwierigkeit zu variieren.

Frisch gemähte Wiesen und duftende Heuhaufen sind perfekt zum Schnüffeln. Auch Spielzeug oder Leckerlis können darin versteckt werden, die der Hund suchen muss. Je nach Schwierigkeitsgrad kann das Versteck am Rand oder ganz tief im Haufen positioniert sein.

Als ideales Versteck eignen sich Rindenmulch, Sand oder Kies. Bei Letzterem sollte man Leckerlis verwenden, an denen nichts haften bleibt, damit der Hund mit seiner gefundenen Belohnung nicht auch Sand oder Kies verschluckt. Eventuell ist es besser, das Lieblingsspielzeug des Hundes in Kies oder Sand zu verstecken, das er bestimmt ebenso gerne ausbuddelt. Es geht dabei aber nicht um eine Apportier-Übung, sondern alleine darum, den Gegenstand wieder zu finden. Daher ist es auch völlig in Ordnung, wenn der Hund das Gefundene nach dem Ausgraben fallen lässt oder erst gar nicht aufnimmt.

Im Herbst und Winter treibt der Wind die abgefallenen Blätter oft in einem Eck oder Windfang zusammen, die sich somit als ideale Orte qualifizieren, um dort als Hund Spaß zu haben. Wenn man vor seinem Hund durch den Laubhaufen geht oder springt und die Blätter mit der Fußspitze in die Luft schleudert, wird das schnell zum gemeinsamen Erlebnis. Man kann seinen Hund damit auch neugierig machen, und er wird nachkommen, um zu sehen, was da so viel Spaß macht. Vielleicht interessiert er sich dann auch für die aufgewirbelten Blätter und versucht hinterherzulaufen und sie einzufangen. Schon hat man fünf Minuten des Spaziergangs zu einem ganz besonderen Erlebnis gemacht. Sollte der Hund gerne

WICHTIG

Auch bei richtig durchgeführten Apportier-Übungen mit Maß und Ziel müssen die damit einhergehenden Belastungen des Bewegungsapparates des Hundes beachtet werden. Eine neue Studie hat dazu die unnatürlich verschobenen Belastungen auf den Bewegungsapparat durch das Tragen von schweren Gegenständen im Maul untersucht und aufgezeigt. (»Compensatory load redistribution in Labrador retrievers when carrying different weights – a non-randomized prospective trial«)

Kurze und einfache Übungen auf Baumstämmen bringen Abwechslung und Spaß.

Blätter oder bewegte Reize jagen, dann ist diese Form der Abwechslung für ihn aber ungeeignet. Denn das Jagdverhalten soll keinesfalls noch weiter verstärkt werden, da für viele Hundehalter Blätter jagende Hunde, die einen Spaziergang in der Herbstzeit oft zum Spießrutenlauf werden lassen, sehr anstrengend sind.

An dieser Stelle sei auch erwähnt, dass es keinesfalls sinnvoll ist, seinen Hund beim Spaziergang zu beschäftigen, indem man einfach Leckerchen wirft, denen der Hund nachjagt. Diese Form schult das Jagdverhalten des Hundes und seine Sinne auf bewegte Reize zu achten. Zudem warten die Hunde meist nur noch auf kleinste Handbewegungen und beginnen direkt ins Hetzen, ein Teil des Jagdverhaltens, zu verfallen. So kann es durchaus passieren, dass der

Eine Holzbrücke kann beim Spaziergang für kleine Aufgaben genutzt werden.

Hundehalter nur seinem Nachbarn winken will, der Hund aber glaubt, es werde ein Leckerchen für ihn geworfen, sodass er plötzlich ins Hetzen verfällt und auf die Straße läuft. Ausnahmen bestätigen natürlich auch hier die Regel. Ein sinnvoll aufgebautes Antijagdtraining unter Signalkontrolle bringt den Hund nach Kommando dazu, etwas zu erschnüffeln oder zu suchen beziehungsweise das Verhalten, auch positiv erlernt, zuverlässig zu unterlassen.

Manchmal reicht es auch aus, in einem verwilderten Eck einer Wiese oder einer Hecke nachzusehen, was sich hier so alles an Gräsern oder Ästen anbietet. Der Hund wird seinem Halter freudig folgen und neugierig sein, was dieser entdeckt hat. So kann aus einem normalen Spaziergang unter Umständen ein besonderes Erlebnis werden.

Für die Wasserratten unter den Hunden ist jede Wasserpfütze oder jeder kleine Bach ein wunderbar geeigneter

Platz für Spiel und Spaß. Das Nass kann durchlaufen werden, eignet sich auch, um sich darin zu wälzen oder zu baden. Auch wenn der Hund danach vermutlich gesäubert werden muss, ist es für ihn ein tolles Erlebnis.

Viele Hundebesitzer haben oft ein schlechtes Gewissen, wenn sie mit ihrem Hund nicht mindestens ein bis zwei Stunden pro Tag volle Action haben. Zu bedenken ist jedoch, je mehr Ausdauertraining mit dem Hund gemacht wird, desto durchtrainierter und aktiver wird er. Ist dieser »Spitzensportler« jedoch einmal tagelang zum Nichtstun verdonnert, wird er »unentspannt« werden, da er sich in seinem untätigen Körper extrem unwohl fühlt. Der dahinterstehende Ablauf lässt sich mit einem Blick in die menschliche Sportmedizin gut veranschaulichen. Durch Langzeitbewegungsprogramme werden Endorphine ausgeschüttet, deren Name sich von hirneigenen Morphinverwandten ableitet. Damit handelt es sich um ein klassisches Problem von Sucht und kaltem Entzug. Dass Hunde bei längerem Lauf Endorphine ausschütten (im Gegensatz etwa zum Frettchen) ist durch Laborstudien belegt. Langstreckenläufer können ein Lied davon singen, wie unausstehlich und unzufrieden sie sind, wenn sie einige Tage nicht trainieren konnten. Darum sollte das Training mit dem Hund immer mit Bedacht und wohlüberlegt gestaltet sein. So ist es für den »durchschnittlichen« Hundebesitzer nicht ratsam, einen Spitzensportler als Hundegefährten zu haben, er sollte vielmehr darauf achten, eine ausgewogene Mischung aus Bewegung und Inaktivität zu finden.

Es muss auch nicht immer volle Bewegung beim Spaziergang mit dem Hund auf dem Programm stehen. Eine Sequenz »Spazierensitzen« einzufügen, bringt interessante Impulse, und viele Hunde setzen sich sogar selbstständig hin, legen eine kurze Pause ein, um sich in der Gegend umzusehen. Darum sollte man dafür offen sein und gemeinsam mit seinem Hund einfach mal die Gegend und vorbeikommende Lebewesen betrachten. Vor allem für Hundebesitzer, die einen stressanfälligen und überaktiven Hund haben, sind diese kurzen Pausen ein unbedingtes Muss, um ihm beizubringen, wieder ruhiger zu werden. Gerade überaktive Hunde müssen eine Belohnung für das »Warten« oder »Nichtstun« erhalten, um in dieser Übung die notwendige Sicherheit und Ruhe finden zu können. Ein gefüllter Kong®, wie er bereits beschrieben wurde, kann dabei sehr gute Dienste leisten. Wird die Belohnung unterlassen, kann es sein, dass der Hund ganz schnell frustriert wird und die Erregungslage bei dieser Übung extrem ansteigt. Damit lernt der Hund dann leider das Gegenteil von Ruhe.

OUTDOOR

WICHTIG BEI ÜBERAKTIVEN HUNDEN
In diesem Fall wird eine hochwertige Belohnung, ob in Form von schmackhaftem Futter, schnellem Spiel etc., nicht den gewünschten beruhigenden, sondern einen erregenden Effekt haben. Viel besser sind stattdessen Ruhe, Entspannung, eventuell soziales Kuscheln oder auch ein zeitintensives Kauprojekt.

Der eigenen Kreativität für Beschäftigungsmöglichkeiten des Hundes sind keine Grenzen gesetzt. Je nach eigener Persönlichkeit und jener des Hundes sowie geistiger und körperlicher Kondition sollte versucht werden, manche gemeinsamen Spaziergänge zu planen und anders zu gestalten.

Besonders für unsichere Hunde ist es wichtig, dass sich ihre Halter trauen, sie vor LÖSBARE Herausforderungen zu stellen und sie nicht nur vor Gefahren beschützen zu wollen. Andernfalls wird es dem Hund verwehrt, sein ganzes Potenzial zu entwickeln und zusätzlich werden ihm wichtige Lernerfahrungen genommen.

Wer Sorge hat, dass der Hund durch diese Übungen mit dem Leckerli lernt, alles vom Boden aufzuheben, kann stattdessen ein kleines Spielzeug verwenden. Grundsätzlich gibt es Hunde, die entweder rassebedingt, wie der Beagle, oder durch Erlebtes, wie etwa Straßenhunde, die sich von Abfällen ernährt haben, ein höheres Interesse aufweisen, Dinge von der Straße aufzunehmen. Hier kann mit einem Anfangs- und Endkommando Abhilfe geschaffen werden. So lernt der Hund, ausschließlich nach Kommando zu suchen und dies dann auch wieder abzubrechen.

Positiv ist auch, dass dieses Verhalten extrem selbstbelohnend ist. In dem Moment, in dem der Hund etwas findet und es aufnimmt, werden ganz viele Botenstoffe ausgeschüttet. Dasselbe geschieht bei den Suchspielen. Der Vorteil daran ist aber, dass der Mensch steuern kann, was der Hund findet.

Schnüffelaufgaben sind nicht nur eine geistige Herausforderung für Hunde, sondern auch körperlich anstrengend. Jede kleinste Änderung in der Wetterlage schlägt sich in der geruchlichen Wahrnehmung der Hunde nieder. So riecht eine Wiese bei klarem, sonnigem Wetter völlig anders, als bei feuchtem

Graben macht vielen Hunden einen riesen Spaß.

Niederdruckwetter. Bei Wind werden die Gerüche räumlich versetzt und bei Regen sind sie nur direkt über dem Boden aufzuspüren. All diese Informationen zu verarbeiten und zu filtern, lernen Hunde durch Erfahrung und Übung. Sobald der Hund die Nasenarbeit gelernt hat, eignen sich viele Dinge. Egal, ob bestimmte Gerüche zu erschnüffeln sind, Gegenstände, Spielzeug, verlorene »menschliche« Dinge, Personen, tierische Freunde, Dummys etc.

Möchte man mit seinem Hund kein spezielles Fährtentraining absolvieren, kann man diese Informationen dennoch

Feinschmecker-Spieß à la Hund: mit Salat und Wurst schmeckt er Hunden köstlich.

nutzen, um dem Hund ein wenig Abwechslung im täglichen Spaziergang zu bereiten. Je nach Wetterlage kann man Leckerlis oder Spielzeug auslegen und es vom Hund suchen lassen. Bei gleichbleibendem Wetter kann die Aufgabe schwieriger gestaltet werden. Es sollte jedoch nicht vergessen werden, den Schwierigkeitsgrad der Übung bei Wetterumschwüngen zu reduzieren und so dem Hund trotz schwieriger Bedingungen zum Erfolgserlebnis zu verhelfen und nicht die Frustration zu fördern.

Starker Wind bietet durch das Versetzen von Gerüchen für Hunde besonders schwierige Verhältnisse. Bei diesen Bedingungen müssen sie durch Versuch und Irrtum lernen, den Geruchskorridor zu finden, bis sie zum Ausgangspunkt gelangen. Sie müssen daher gegen den Wind suchen, um die Information zu erhalten, wo das Spielzeug versteckt wurde. Darum passiert es oft, dass Hunde über ein Leckerli oder Spielzeug drüberlaufen und gar nicht mitbekommen, dass sie es eigentlich schon gefunden hätten. Der Wind hat den Geruch weggetragen und der Hund kann es nicht gleich riechen. Je mehr Übung ein Hund hat, desto schneller wird er diese Aufgabe aber lösen können. Es sollte dabei berücksichtigt werden, dass der menschliche Individualgeruch in diesem Bereich vorhanden ist. Wenn man den Gegenstand immer auslegt und sozusagen eine Trittspur durch seine Schritte hinterlässt, lernt der Hund dies mit. Für einen geschulten Hund kann der Gegenstand aber weit weg in hohes Gras geworfen werden, und die Aufgabe ist ohne die Spur des Hundehalters wesentlich schwieriger.

Auch der bereits erwähnte Schnüffelteppich kann zum Spaziergang mitgenommen werden und Abwechslung bieten. Es kann übrigens auch mit erhöhter Nase oder auf Gegenständen gesucht werden. Was spricht dagegen, den Hund bei schönem Wetter auch mal auf einer Parkbank den Schnüffelteppich ausarbeiten zu lassen.

WICHTIG FÜRS TRAINING

Mit dem Hund muss, in welcher Form auch immer, Anfangs- und Endkommando zur Suche trainiert werden, denn so bilden sich die besten Voraussetzungen für ein harmonisches Miteinander zwischen Mensch und Hund.

Worte zum SCHLUSS

Manchmal ist weniger mehr. Ein Überangebot ist in den wenigsten Fällen sinnvoll.

VERHALTENSBIOLOGISCHE NACHBEMERKUNGEN

Die kognitiven Leistungen unserer Hunde stehen, wie Untersuchungen verschiedenster Forschungsrichtungen der letzten Jahre immer deutlicher gezeigt haben, in vielen Bereichen jenen unserer nächsten Verwandten im Tierreich, den Menschenaffen, in keiner Weise nach. In manchen Bereichen, gerade was das Deuten sozialer Gesten und die daraus entstehende Bereitschaft zur kompetenten und intelligenten Zusammenarbeit betrifft, sind sie den Menschenaffen aus evolutionsbiologischen und ökologischen Gründen sogar voraus.

Kognition ist ein modernes Forschungsgebiet. Es geht im Wesentlichen darum, dass ein Tier innere Verknüpfungen in seinem Gehirn herstellen kann, verschiedene Umweltreize, frühere Informationen, derzeitig herrschende Bedingungen und soziale Zusammenhänge zu einem Netzwerk von Informationsverarbeitung knüpft, aus denen dann nicht durch Versuch und Irrtum, sondern durch gezielte Handlungen eine derzeit herrschende Situation bewältigt werden kann. Solche Fähigkeiten und Leistungen bedürfen jedoch der steten Weiterentwicklung. In kaum einem anderen Bereich, außer vielleicht beim Ortsgedächtnis und bei der räumlichen Orientierung, wächst das Gehirn so sehr mit seinen Aufgaben wie im Bereich der sozialen und auch ökologischen Kognition. Hunde können nicht nur soziale Netzwerke und Stimmungen, wahrscheinliche Reaktionen und feinste Hinweise ihres Menschen oder anderer Sozialpartner nutzen, sie sind auch in der Lage, aus Umweltreizen und Umweltinformationen wahrscheinliche, zukünftige Entwicklungen abzuleiten. Sowohl im physikalischen als auch im sozialen Sinne verstehen Hunde also durchaus eine ganze Menge über ihre Umwelt. Die Plastizität des Gehirns wird jedoch nur durch stete Forderung und Förderung weiterentwickelt. Gerade im Welpen- und Junghundalter ist es ganz besonders wichtig, Hunden lösbare, aber durchaus schwierige Probleme immer wieder so zu präsentieren, dass die erfolgreiche Bewältigung schließlich zum echten Erfolg wird. In diesem Zusammenhang tritt die Rolle des Menschen besonders deutlich hervor, denn dieser ist es, der dem Hund als Sozialpartner und Respektsperson

Es kommt immer darauf an, eine gute Balance zwischen Beschäftigung und Ruhephasen zu finden.

verdeutlichen muss, was er gerade Tolles geleistet hat. Alle hier in unserem Buch vorgestellten und auch viele weitere Aktivitäten gewinnen für den Hund enorm an Attraktivität, wenn der Mensch sich mit ihm so richtig über den Erfolg freut und mit ihm gemeinsam die Bewältigung der Aufgabe feiert. Die dabei im Gehirn ausgelösten Reaktionen sind es auch, die solche Problemlösungen für die Zukunft, nicht nur als wahrscheinlich, sondern erfolgsträchtig fixieren. Diese Erfolgserlebnisse schweißen

erwachsen werden. Der Nachteil dabei ist zwar, dass auch ein sechs- oder achtjähriger Hund bisweilen noch pubertär flegelhaft wirkt, der Vorteil ist aber eben auch, dass selbst der Senior trotz aller Zipperleins bisweilen noch in eine kindliche Begeisterung ob neuer Spiele oder anderer neuer Erfahrungen verfallen kann.

Die ökologische Nische unserer modernen Familienhunde ist zweifellos das Leben bei und mit dem Menschen. Dies bedeutet, dass sie durch ihre

Mensch und Hund mehr zusammen. Sie führen auch zu einer freudigen Erwartung, die bereits beim Wiederantreffen der Begleitumstände des letztmaligen Erfolges einsetzt.

Die Plastizität des Säugetiergehirns ist auch über die Jugendzeit hinaus noch gewährleistet und lebenslanges Lernen ist für andere Tiere durchaus eine ebenso wichtige Anforderung wie für den Menschen. Dazu kommt, dass Haustiere generell und unsere Hunde speziell eigentlich nie wirklich richtig

gemeinsame Geschichte mit dem Menschen auch Fähigkeiten entwickelt haben, wie sie sich besonders eng mit dem Menschen kommunikativ abstimmen und wie sie wirklich mit und beim Menschen gemeinsam Leistungen erbringen können. Trotzdem braucht der Hund auch den Hund. In der Regel, mit wenigen Ausnahmen, benötigen Hunde auch andere Vierbeiner als Sozialpartner, da bestimmte Bereiche, sei es im Spielen oder in der sozialen Kommunikation, vom Menschen einfach nicht bedient werden können. Anstatt sich also auf alle Viere zu begeben, mit dem Schwanz zu wedeln und Wau Wau zu rufen, um mit dem Hund angeblich artgerecht zu kommunizieren, sollte der Mensch lieber Mensch bleiben und dem Hund andererseits hundliche Spielkameraden gönnen. Wenn einzelne Hunde dies nicht möchten, ist diese Entscheidung selbstverständlich ebenso zu respektieren. Aber die Identität des Hundes als Grenzgänger zwischen den beiden Arten erfordert eben, dass beide Arten als Handlungspartner zur Verfügung stehen.

Gerade angesichts vieler, derzeit immer wieder als Modetrends im Bereich des Hundetrainings und der Hundeerziehung hochgekochten Merkwürdigkeiten, wirkt ein Blick auf die Biologie des Hundes ganz ernüchternd. Hunde sind nun einmal keine bepelzten Menschen, sie sind eine eigene Art mit eigener Art-Identität. Sie sind aber auch keine degenerierten Wölfe, sondern sie sind eine eigene, im Zusammenleben mit dem Menschen evolvierte Form des Tierreichs. Ob man ihr nun schon den Artstatus zugesteht oder nicht, sei den systematisch arbeitenden Zoologen überlassen.

Damit der Hund seinen Platz in der Gesellschaft finden kann, muss er aber auch gesellschaftsverträglich agieren. Hier haben sich in den letzten Jahren, nicht zuletzt unter dem Einfluss von

Einen ganz bestimmten Gegenstand zu suchen, kann sehr anstrengend sein.

Sozialkontakt und ausreichend Zeit für ein Sozialspiel sind wichtig.

verhaltensbiologischen Untersuchungen, Denkweisen geändert. Der benimmsichere Hund, der in möglichst vielen Situationen des Umgangs mit seinem Menschen und auch mit Fremden weiß, wie er sich am besten unauffällig und störungsarm zu verhalten hat, wird immer mehr dem gehorsamen, auf Knopfdruck und Befehl agierenden Hund vorgezogen. Um es einmal etwas überspitzt auf den Punkt zu bringen: Der »benimmsichere« Hund weiß, wenn sein Mensch zielsicher mit einem schnellen Ausfallschritt auf die Fahrbahn tritt, ist es auch für ihn kein Problem und er wird mitkommen.

Der gehorsame Hund dagegen, den man im Eifer eines Telefonats oder anderer Abgelenktheiten am Straßenrand vergisst, wird irgendwann dort als Skelett sitzen, weil er ohne den Befehl zum Mitkommen nicht wagt, dem Menschen auf die Fahrbahn zu folgen. Zum benimmsicheren Hund gehört die intensive und vor allem kompetente Sozialisation, das Aneinander-Gewöhnen in der Jugendentwicklung und die Zuverlässigkeit des Menschen als Sozialpartner. Gerade in diesem Zusammenhang ist es wichtig, dass man lernt, zielgerichtet und erfolgreich miteinander zu kommunizieren. Hinweise durch

Blickkontakt, Fingerzeig, Körperpositionen, aber auch die Fähigkeit, aus der menschlichen Sprache und ihrer vielfältigen Intonation Informationen zu entnehmen, gehören zur selbstverständlichen Aneinander-Gewöhnung und zur gemeinsamen Sozialisation.

Als das Thema der Beschäftigung im Zusammenhang mit Zoo- und Wildtierhaltung erstmals breiter diskutiert wurde, war in vielen Kreisen von Zootierpflegern und anderen Praktikern die Ansicht verbreitet, die beste Beschäftigung wäre doch wohl eine artgemäße Sozialstruktur. Zweifellos ist dies ein wesentlicher Teil und der Hund, der eben mit dem Menschen zusammen ein Team bildet, kann durch keine andere Form der Beschäftigung auf diese Gemeinsamkeit verzichten. Aber, wie gerade die Beobachtungen an verwilderten Haushunden zeigen, die vielfältigen Wege des Beobachtens, Erkundens und des umweltbezogenen Verhaltens gehören auch zum Tagesablauf und deshalb müssen wir versuchen, auch diese dem Hund in einer art- und rassetypischen Weise zu präsentieren.

Auch in diesem Fall lässt sich vieles davon ableiten, was Hunde normalerweise tun. Deshalb empfiehlt es sich, ab und zu Filmaufnahmen von Hunden, die unabhängig und frei von Menschen leben, anzuschauen. Die DVD über die Pizzahunde von Günther Bloch ist immer noch ein wunderbares Lehrbeispiel, wie

Hunde sich so in freier Natur zu verhalten pflegen. Es wird dringend empfohlen, sich zeitweise auch von solchen Aufnahmen inspirieren zu lassen.

In diesem Zusammenhang empfehlen wir Ihnen, sich möglichst viel mit der Biologie und Lebensweise Ihres vierbeinigen Sozialpartners zu beschäftigen. Nur dann werden Sie auch verstehen, wo seine besonderen Bedarfslagen und Bedürfnisse liegen und Sie diese auch in einer möglichst tier- und verhaltensgerechten Weise darbieten können.

All dies wünschen wir Ihnen und Ihren Hunden von Herzen!

DIE AUTOREN

Yvonne Adler

(*1980) studierte Tierpsychologie (mit Spezialisierung auf Hunde) und ist eine der ersten akademisch geprüften Kynologinnen Europas. Sie beschäftigt sich seit mehr als 20 Jahren – privat und professionell – mit Hunden. Sie arbeitet als Hundetrainerin, entwickelte ein eigenes Trainingskonzept und eröffnete ihre eigene Hundeschule »ADLER DOGS«. Yvonne Adler ist als Referentin und Fachdozentin tätig, arbeitet als Buchautorin, Kolumnistin für Fachmagazine, unterstützt Medien, Institutionen und Behörden mit Expertisen und Fachgutachten als Sachverständige für Hunde.

ADLER DOGS
Hunde(halter)schule & Hundetraining
Hundepsychologische Verhaltenstherapie
Yvonne Adler
Österreich

Ausführliche Informationen zur Qualifikation und zu den Publikationen von Yvonne Adler finden Sie unter: http://www.adler-dogs.at/team/yvonne-adler/

E-Mail: office@adler-dogs.at | Web: www.adler-dogs.at

Foto: Georg Cutka

Gudrun Braun

(*1968) hat Zoologie studiert und spezialisierte sich auf Ethologie (Verhaltensforschung). Sie lebt seit 25 Jahren mit Hunden zusammen und arbeitet seit 12 Jahren als Verhaltensbiologin und Hundetrainerin im Wiener Tierschutzverein. Zahlreiche wissenschaftliche Publikationen und Artikel in einschlägigen Fachmagazinen zum Thema Hundeverhalten und Resozialisierung von Tierheimhunden belegen ihren Tätigkeitsbereich.

ENRICH EMPLOY ENJOY
Gudrun Braun
Österreich

E-Mail: gudrun@ghbraun.at | Web: www.ghbraun.at

Foto: Jochen Dietrich

Udo Gansloßer

(*1956) ist Privatdozent für Zoologie. Seit dem WS 2006/07 ist er Privatdozent am Zoologischen Institut und Museum der Universität Greifswald, seit SS 2007 auch Lehrbeauftragter am Phylogenetischen Museum und Institut für Spezielle Zoologie der Universität Jena. Udo Gansloßer führt regelmäßig Kurse in Verhaltensbiologie und Tiergartenbiologie durch. Seine unzähligen Publikationen sind hier nachzulesen: *http://www.ganslosser.de/publikationen.html*

TIERVERHALTENSMEDIZINISCHE BERATUNG
»EINZELFELLE«
Kontakt über:
PD Dr. Udo Gansloßer
Filander Verlag
Bremer Str. 21a
D-90765 Fürth

E-Mail: info@einzelfelle.de | Web: www.einzelfelle.de

LITERATURNACHWEIS

Bloch, G. & K. 2007: Die Pizzahunde. Bund und DVD. Kosmos, Stuttgart

Bockstahler, B./Tichy, A./Aigner, P. 2016: Compensatory load redistribution in Labrador retrievers when carrying different weights – a non-randomized prospective trial

Bradshaw, J. 2012: Dog Sense. Penguin, London

Brigham TA, Sherman JA. 1973: Choice making to promote adaptive behavior for students with emotional and behavioral challenges. In: Journal of Applied Behavior Analysis 27,505-518.

Cook, P. F./Prichard, A./Spivak, M./Berns, G. S. 2016: Awake Canine fMRI Predicts Dogs Preference for Praise Versus Food

Fisher WW, Thompson RH, Piazza CC, Crosland K, Gotjen D. 1997: Effects of choice and immediacy of reinforcement on single response and switching behavior of children. In: Journal of the Experimental Analysis of Behavior 19, 425-435

Gansloßer, U. 2007: Verhaltensbiologie für Hundehalter. Kosmos, Stuttgart

Gansloßer, U./P. Kriwy. 2014: Ein guter Start ins Hundeleben. Müller Rüschlikon, Stuttgart

Kaminski, J. & J. Bräuer. 2011: So klug ist Ihr Hund. Kosmos, Stuttgart

Käufer, M. 2012: Spielverhalten bei Hunden. Kosmos, Stuttgart

Kitchenham, K. 2014: Wissen Hunde, dass sie Hunde sind? Kosmos, Stuttgart

Laule, Gail/Whittaker, Margaret. 2007: Enhancing Nonhuman Primate Care and Welfare Through the Use of Positive Reinforcement Training, In: JOURNAL OF APPLIED ANIMAL WELFARE SCIENCE, 10(1), 31–38

MacPhee, M. Sevenich/Mellen, J. 2001: Philosophy or environmental enrichment: Past, present, and future. In: Zoo Biology 20, 211–226

Meister, J. 2005: Environmental Enrichment. S. 85–98 in: Gansloßer, U. (Hsg): Kurs Tiergartenbiologie. Filander, Fürth

Melfi, V. 2013: Is training zoo animals enriching? Appl. Anim. Behav. Sci. 147, 299–305

Nießler, N./Denzau, S./Malkemper, E. P./Gross, J. C./Hynek, B./Winklhofer, M./Peichl, L. 2016: Cryptochrome 1 in Retinal Cone Photoreceptors Suggest a Novel Functional Role in Mammals

Podturkin, Alex. 2013: The Influence of the »Novelity« Quantity on the Intensity of the Exploratory behaviour. Science in the Service of Animal Welfare: Priorities around the world' UFAW International Animal Welfare. Science Symposium, Universitat Autònoma de Barcelona, Barcelona, Spain 4–5th July 2013., Conference Paper, P. 81

Rauth-Widmann, B. 2014: Die Sinne des Hundes. Kosmos, Stuttgart

Strodtbeck, Sophie. 2015: Vom Welpen zum Senior. Müller Rüschlikon, Stuttgart

WEITERE INTERESSANTE BÜCHER ZUM THEMA

Die Kastration beim Hund wirft viele Fragen auf. Was spricht dafür, was dagegen? Wie läuft der Eingriff ab? Dieser Ratgeber liefert Antworten auf die wichtigsten Fragen zu einem unter Hundehaltern heiß diskutierten Thema.

160 Seiten, 86 Bilder, 12 Strichzeichnungen
ISBN 978-3-275-01820-8 | 19,95 | (A) 20,60

Dieser Ratgeber betrachtet die Zucht von Hunden sowie die Welpen- und Junghundeentwicklung aus verhaltensbiologischem wie züchterpraktischem Blickwinkel.

224 Seiten, 165 Bilder
ISBN 978-3-275-01995-3 | 24,90 | (A) 25,60

Monika Schaal beschränkt sich in diesem Ratgeber auf Themen, die für ein entspanntes Zusammenleben von Hund und Mensch tatsächlich von Bedeutung sind. Sie erklärt anschaulich, wie Erziehung und Training ohne übermäßigen Aufwand gelingen.

160 Seiten, 86 Bilder, 12 Strichzeichnungen
ISBN 978-3-275-02061-4 | 19,95 | (A) 20,60

Die Autorinnen haben eine attraktive Auswahl sinnvoller Beschäftigungsideen und Spiele für Hunde zusammengestellt: Geschicklichkeitsübungen, Nasenarbeit, Apportieren und Wurfspiele, gezieltes Bringen und Tragen, Lernspiele, kleine Tricks und vieles mehr.

96 Seiten, 80 Bilder
ISBN 978-3-275-01929-8 | 9,95 | (A) 10,30

Stand April 2017
Änderungen in Preis und Lieferfähigkeit vorbehalten.

Überall, wo es Bücher gibt oder
www.mueller-rueschlikon.de
Service-Hotline: 0711-78 992 151

Müller Rüschlikon